新視点で設計する

企業ネットワーク 高度化教本

松田次博［著］
MATSUDA TSUGUHIRO

技術評論社

本書を読む前に

●本書について

本書は、アイティメディア株式会社「@IT」の連載記事「羽ばたけ！ネットワークエンジニア」(https://www.atmarkit.co.jp/ait/series/9189/) を基に加筆修正 (5G関連の追加、図の全面書き替え等) して再録したものです。

●免責

本書に記載された内容は、情報の提供のみを目的としています。したがって、本書を用いた運用は、必ずお客様自身の責任と判断によって行ってください。これらの情報の運用の結果について、技術評論社および著者は、いかなる責任も負いません。

また、本書に記載された情報は、特に断りのない限り、2020年6月現在での情報を元にしています。情報は予告なく変更される場合があります。

以上の注意事項をご承諾いただいた上で、本書をご利用願います。これらの注意事項をお読み頂かずにお問い合わせ頂いても、技術評論社および著者は対処しかねます。あらかじめご承知おきください。

●商標、登録商標について

本書中に記載されている会社名、団体名、製品名、サービス名などは、それぞれの会社・団体の商標、登録商標、商品名です。なお、本文中にTMマーク、©マーク、®マークは明記しておりません。

はじめに

今、企業ネットワークは従来の常識にとらわれずに高度化をはかるべき時機にあります。光ファイバー中心のネットワークからモバイル主体のネットワークへ変革する「モバイルシフト」、システムのみならずコミュニケーションサービスまでクラウド化する「クラウドシフト」、アフターコロナ時代に適応する「テレワークシフト」。これらが企業ネットワークの高度化を促す主な要因です。

本書では高度化を実現するための新しいアイデアを提示しているだけでなく、筆者が自らプロジェクトマネージャーとして実践した事例を示すことで、高度化の目的と手段と効果を具体的に理解できます。それはそのまま、読者の皆さんが応用して実践につなげることができます。

また、第5章ではコミュニケーション・ロボットの活用について述べています。一見、ネットワークとは無関係のようですが、そうではありません。人と人、組織と組織、人とロボット等、さまざまなモノをつなぎ、コミュニケーションを可能にするのがネットワークです。ネットワークを仕事とする私たちにとってOSIモデルの範囲のネットワークだけでなく、新しいサービスや事業改革のために「何と何をつなげるべきか」考えることが重要になっていることを、第5章の事例を読んでいただければ理解できると思います。

新しいアイデアを生かした企業ネットワークの高度化や「つなぐ」を起点とした新しいサービスの開発に本書を役立てていただけたら、著者として大きな喜びです。

最後に本書を妻・節子と6人の家族に捧げます。

2020年6月1日

情報化研究会主宰　松田　次博

著者プロフィール

松田　次博（まつだ　つぐひろ）

情報化研究会主宰。情報化研究会は情報通信に携わる人の勉強と交流を目的に1984年4月に発足。2020年5月現在、会員数約500人。毎週メルマガを発行、春に京都、秋に東京で研究会を開催。

1956年愛媛県出身。1979年東京大学経済学部卒。同年日本電信電話公社（現NTT）入社。1988年よりNTTデータ。法人システム事業本部ネットワーク企画ビジネスユニット長など歴任。2007年NTTデータプリンシパルITスペシャリスト（ネットワーク）認定。2009年NEC入社。2020年6月現在、NECデジタルネットワーク事業部エグゼクティブエキスパート。

IP電話ブームのきっかけとなった「東京ガス・IP電話」、企業と公衆無線LAN事業者がネットワークをシェアする「ツルハ・モデル」など、最新の技術やアイデアを生かした企業ネットワークの構築に豊富な実績がある。企画、提案、設計・構築、運用までプロジェクト責任者として自ら前面に立つのが仕事のスタイル。

著作

「自分主義－営業とプロマネを楽しむ30のヒント」（2015年日経BP社刊）

「間違いだらけのネットワーク作り」（2008年日経BP社刊）

「ネットワークエンジニアの心得帳」（2005年日経BP社刊）

「企業ネットワークの設計・構築技法　広域イーサネット・IP電話の高度利用」（2003年日経BP社刊）

「企業内データ・音声統合網の構築技法」（2000年日経BP社刊）

「企業ネットワークの新構築技法」（1997年日経BP社刊）

「コンピュータ・ネットワークの実践的企画・構築技法」（1993年ソフトリサーチセンター刊）

目次

目次

目次

目次

Chapter 1

企業ネットワークのトレンドと目指すべき姿

1-1 Chapter 1
企業ネットワークのトレンドと目指すべき姿

モバイル、AI、クラウドで進化する企業ネットワーク

企業ネットワークに限らず、ICTの世界は「MAC」、つまりモバイル、AI、クラウドの3要素を中心に急激に進化している。私たちネットワークエンジニアは単にネットワークのことだけを分かり、狭い領域の仕事をしていたのではもはや大きな付加価値を生むことが困難になっている。

これからの企業ネットワークでは、MACを活用したサービスやアプリケーションに踏み込んだ積極的な発想と、広い範囲の仕事をまとめる力が求められているのである。

この節では企業ネットワークの歴史を振り返り、今後数年間のトレンドを予想するとともに、次世代企業ネットワークのイメージを概観する。

企業ネットワークの25年とこれから

表1-1-1は1996年から2025年までの企業ネットワークのトレンドを5年区切りでまとめたものである。これまでの歴史とこれからの進化の方向を見てみよう。

表1-1-1 企業ネットワークの25年とこれから

時代	96~00	01~05	06~10	11~15	16~20	21～25
一言で時代を表すと	多様化と帯域爆発の時代	IP融合の時代	モバイルブロードバンドの幕開け	クラウドシフトの進展	MAC時代（モバイル、クラウド、AIの活用が鍵）	MAC活用の継続 5G適用の拡大
エポックメイキングな出来事	データ(IP)が電話を凌駕	02 東京ガスIP電話	07 イーモバイル下り3.6M定額サービス	11 NEC SDN製品出荷	20 5G商用開始(NSA)	22頃 5G SA 24 ISDN終了
代表的技術	ATM フレームリレー TCP/IP	TCP/IP SIP VoIP	HSDPA NGN	Open Flow LTE	AI 5G SDN	5G ローカル5G
代表的サービス製品	97 ATMメガリンク 97 デジタルアクセス	99 広域イーサネット 00 IP-VPN	06 AWS 07 イーモバイル 08 iPhone 10 iPad	12 大手3社のLTE出揃う 14 MVNO	閉域モバイル コミュニケーションロボット活用サービス	クラウド型コミュニケーションサービス

※5G：5th Generation、ATM：Asynchronous Transfer Mode、HSDPA：High Speed Downlink Packet Access、IP：Internet Protocol、LTE：Long Term Evolution、MVNO：Mobile Virtual Network Operator、NGN：Next Generation Network、SDN：Software Defined Network、SIP：Session Initiation Protocol、VoIP：Voice over Internet Protocol

「多様化と帯域爆発の時代」(1996～2000年)

データのトラフィックが電話をしのぎ、爆発するトラフィックを安価にさばくためフレームリレー（2Mbps程度）、ATMメガリンク（最大8Mbps）など、当時としては画期的な速度の回線が低価格で提供された。

1995年にWindows 95が登場し、TCP/IPを使いやすいPCが廉価になったことでインターネットの普及が加速した。

「IP融合の時代」(2001～2005年)

前期のフレームリレー、ATMがあっという間に消え去り、代わって広域イーサネット、IP-VPNが企業ネットワークを席巻した。

多様化していた通信技術がIPに一本化され、データも音声もIPで扱われるようになった。その象徴が「東京ガス・IP電話」である。2002年11月に筆者が受注し、同12月には著名新聞で大きく報道された。これをきっかけにIP電話ブームが起こり、電話もIPで扱うことが当たり前になった。

「モバイルブロードバンドの幕開け」（2006～2010年）

この時期もっともインパクトがあったのは2007年3月にイー・モバイルが始めた下り3.6Mbps、月額5000円で定額のモバイルブロードバンドである。どれだけ使っても定額なので専用線と同じだ。これを固定回線の代わりに使えないか実験したところ、長時間接続したままでも大丈夫だった。筆者は古河電工にイー・モバイルが使えるルータを作ってもらい、2008年に京葉ガスで稼働させた。

現在のLTEにつながるモバイルブロードバンドはNTTドコモでもauでもない、イー・モバイルが創始したのである。

その一方で名前倒れに終わったサービスがある。NTTのNGN (Next Generation Network) だ。光ファイバーをベースにしたサービスで、さまざまなサービスのプラットフォームになるはずだった。しかし、プラットフォームになったのはインターネットであって、NGNではなかった。

ネットワーク技術そのものではないが、2007年6月に米国で発売され、日本では2008年から販売を始めたiPhoneは、スマートフォン普及の嚆矢（こうし）となり、ICTを大きく進化させた。2010年に発売されたiPadは大手航空会社が20キログラム近いパイロットのマニュアルをペーパーレス化したり、企業がプレゼンテーションの良さを生かしてPC代わりに営業マンに使わせたりするなど、タブレットという新しい市場を創出した。

「クラウドシフトの進展」(2011～2015年)

この時期、クラウドの導入が進んだ。2015年末時点で日本の企業でクラウドを使っている企業は約45%、導入予定を加えると約60%に達した(総務省「平成28年通信利用動向調査報告書(企業編)」より)。クラウドのメリットは短期的なコスト削減というよりも、自社でハードやソフトを所有してシステム構築することに対して、手早く開発できて長期的に見ればコストも抑制できる、ということだ。

加えて、日本においてはIT部門の高齢化が進み、自社で開発や運用をできなくなっている、という理由によるものが増えている。

ネットワーク分野でもファイアウォールやプロキシ、メールサーバなどを自社で運用できないので、サービスメニューを選択し、あとは毎月の料金を払うだけ、という「サービス化」が受け入れられている。

「MAC時代」(2016～2020年)

この時期、MAC(モバイル、AI、クラウド)の活用が企業ネットワークにとって重要になった。光ファイバーベースの固定回線に対して、相対的に安価で高速になったモバイル回線を多用することで、企業ネットワークはコスト削減と高速化が図れるだけでなく、2-1で述べるように閉域モバイル網の活用で働き方改革や災害対策にも役立てることができる。

IPAが2020年2月に発表した「AI白書2020」によるとAIを導入している企業は4.2%に過ぎない。機械学習による画像認識を応用した用途などは導入効果があるかどうか不明なことやAIへの理解不足が低迷の原因だ。しかし、コンシューマー向けのサービスにおける音声認識応答ではスマートスピーカーに代表されるようにAIは普及している。5-1では音声認識応答AIとロボットによるサービス開発について述べている。今後、企業においてはサービス開発において音声認識応答AIの適用が進むだろう。

クラウドは単にコンピュータ資源をレンタルするという使い方だけでなく、コミュニケーションサービスの提供形態として重要になっている。PBXやテレビ会議システムを自社で保有するのは時代遅れになった。第3章ではクラウドコミュニケーションサービスについて詳述する。

AWSやAzure、Microsoft 365などのクラウドサービスはさらに導入が進む。クラウドは企業ネットワークにおけるトラフィックの流れを大きく変化させる。かつてトラフィックの発生源は企業ネットワークの中にあったが、クラウド化するとそれが外部に移る。いかに効率的で拡張しやすい方法でクラウドを接続するかが、ネットワークレベルの課題になる。3-2ではマルチクラウドを効率的に企業ネットワークに接続する方法について述べる。

「MAC活用の継続と5G適用の拡大」(2021～2025年)

2020年3月に国内での商用サービスが始まった5Gサービスは、当初はNSA (Non-Stand Alone) と呼ばれる構成で、コアネットワークは4Gで基地局が5Gである。高速広帯域という5Gの特徴はあるが、超低遅延や超多端末接続は実現できない。2022年頃になるとSA (Stand Alone) 構成となり、コアネットワークも5Gになるため5Gの3つの特徴が発揮できる。サービスのカバーエリアも増え、5Gの適用が本格化するだろう。

5Gの対極にある古いサービス、ISDNは2024年にサービスが終了する。ISDNを使っている電話やFAXは何もしなくてもNTTの「メタルIP電話」としてそのまま使い続けることができるが、ISDNの高い基本料金を支払い続けねばならず不合理だ。フレッツ 光ネクストでデータ通信とひかり電話に統合するのが多数のISDNを使っている企業にとっては適切な選択となる。フレッツの高度な活用方法とISDNの移行については第4章で詳しく解説する。

図1-1-1は2020年代以降の次世代企業ネットワークのイメージだ。吹き出しの中にそのポイントを書いている。モバイルシフトとはモバイル中心にネットワークを設計することだ。現在のSDN（Software Defined Network）はトラフィックの制御やトラブル対応が自動化されておらず、真価を発揮できていない。数年のうちにSDNにAIが組み込まれ、トラフィックの流れ、サーバやPCのCPUやメモリといった資源の使用率など、さまざまな情報をAIが管理し、トラブルの予防やトラブル発生時の復旧が自動化されるだろう。

2020年代はネットワークを設計する上で選択肢が多く、ネットワークエンジニアは様々なアイデアを考えて創造性を発揮できる。これまでにない画期的な企業ネットワークの構築を目指したいものだ。

図1-1-1 MAC時代の企業ネットワーク

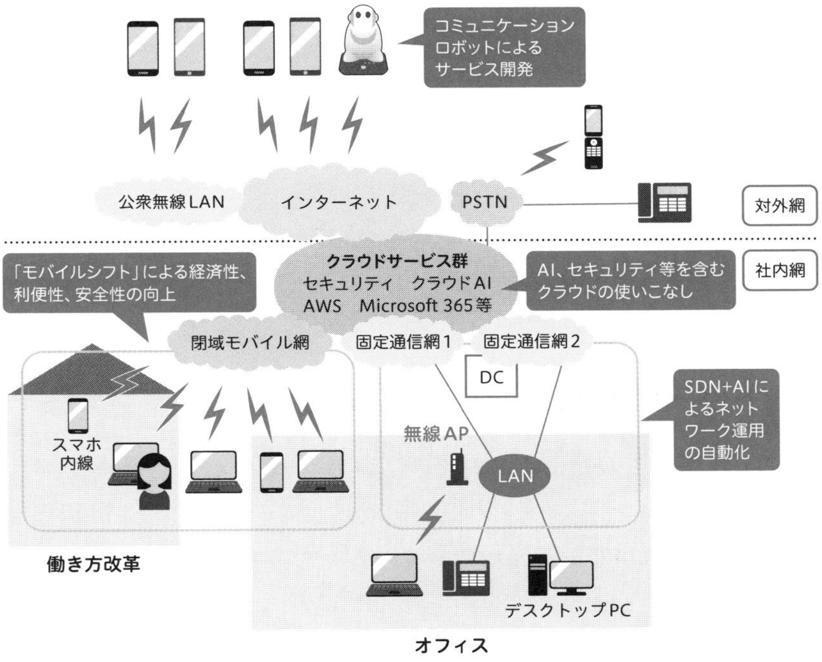

企業ネットワークは「更改」するな、「高度化」せよ

先日、筆者が主宰する情報化研究会のメンバーからネットワーク更改のRFP（提案依頼書）を渡されてコメントを求められた。そもそもコメント以前に「更改」することに違和感を持った。企業ネットワークに「更改」がそぐわなくなっているからだ。更改ではなく、「高度化」を考えるべき時代なのだ。

「ネットワーク更改」とは、企業の本社や支社を結ぶネットワーク全体をスクラップ＆ビルドで再構築することだ。RFP（提案依頼書）に書かれていたネットワーク更改の目的は2つある。クラウド活用へ柔軟に対応できるようにすることと、サイバーセキュリティの強化だった。

この2つを満たすためにスクラップ＆ビルドを進める必要はない。これが違和感の原因だった。

ネットワーク更改の目的が変化した

1990年代から現在までの更改の目的を表1-2-1にまとめた。2010年ごろまではネットワークの更改が成立していた。この表の根拠になっているのは筆者の手元に残っている提案書である。

表1-2-1 ネットワーク更改目的の推移

	1990年代	2000年代	2010年代	現在
目的	・コスト削減 ・信頼性向上 ・拡張性向上	・コスト削減 ・拡張性向上 ・セキュリティ強化	・コスト削減 ・サービス向上 ・セキュリティ強化	「更改」がそぐわない時代

表1-2-1を見て分かるとおり、更改の第一の目的はこれまで「コスト削減」だった。筆者は1990年代から2010年ごろまで、受注したネットワークを構築し、5年程度で次のネットワークに更改するということを業務で繰り返していた。これが可能だったのは、新しいネットワーク技術や回線サービスが次々登場し、これらを適用してネットワークを再構築することで大きな経済効果が得られたからだ。

1990年代はフレームリレーやATM、2000年代は広域イーサネットとIP-VPN、IP電話、2009年にはKDDIの「WVS」(データセンター向け通信が無料の斬新なサービス)が更改の契機になった。2010年ごろにはNTTグループのフレッツが「Bフレッツ」から「フレッツ 光ネクスト」に変わって品質が安定し、専用回線の代わりに使えるようになったことも大きな要因となった。

筆者が2010年前後に他社からのリプレースで受注したネットワーク更改案件では40～50%のコスト削減を実現できた。新サービスや技術の適用だけでなく「ネットワークシェアリング」といった新しいアイデアも駆使した。

だがコスト削減が更改の目的になり得たのは2010年ごろまでだ。現在、コスト削減を目的にネットワークを更改することは難しい。だから、冒頭で触れたRFPにも目的としてコスト削減は書かれていない。書いていないのではなく、書けないのだ。

ネットワークを「高度化」すべし

これからのネットワークは更改するものではなく、「高度化」すべきものに変わった。高度化とは企業にメリットをもたらす新技術や新サービスを取り入れながら、継続的にネットワークを進化させることだ。そのためにはネットワーク技術やサービスの動向、企業の社内環境を踏まえながら、高度化の目的と内容を明確にするシナリオが重要だ。

筆者が運用している企業のネットワークでは、5年スパンで高度化を検討している。実際のシナリオを開示することはできないので、モデル化したものを表1-2-2に示す。

表1-2-2 ネットワーク高度化のシナリオ例

	2010年~2014年	2015年~2019年	2020年~2024年
目的	コスト大幅削減 顧客サービス向上	セキュリティ向上 働き方改革への寄与	生産性向上 社員満足度向上
社内環境	店舗数500 事業拡大継続	店舗数750 事業拡大継続	店舗数1000 **店舗端末の更新**
ネットワーク技術サービスの動向	公衆無線LAN 新型回線サービス LTE 格安スマホ	MVNOの台頭 閉域モバイル網の用途拡大 クラウド利用の大幅進展 ローカル5G制度化 クラウド型コミュニケーションサービス	5G商用サービス開始 ISDN廃止 ネットワーク運用でのAI活用 クラウド型コミュニケーションサービスのさらなる発展
高度化の内容	新型回線サービス+ネットワークシェアリングによるコスト削減 全店に公衆無線LAN導入	クラウド型+オンプレ型によるセキュリティ強化 閉域モバイル網によるテレワーク環境の整備 クラウド接続サービスの採用	モバイルシフトによるネットワーク環境、コミュニケーションサービスの高度化 (光ファイバーはモバイルを補う存在に) AIによる効果的、効率的なネットワーク運用

2010年時点のネットワーク更改ではコスト削減が目的になっているが、2015年からはセキュリティ向上が最も優先度の高い目的となり、働き方改革への寄与が続く。クラウドの利用が増えたため、仮想化の仕組みを取り入れたクラウド接続サービスも眼玉の1つだ。2020年から始まる新しいフェーズでは5Gの商用サービス開始とISDN廃止という通信サービスの大きな変化を考慮している。5G以降、速度の面でもコストの面でも企業ネットワークの主役はモバイルに変わり、光ファイバーによる固定通信はモバイルを補う位置付けになる。

モバイル主役のネットワークで生産性を高め、社員の満足度向上も得られるネットワーク環境とコミュニケーションサービスを実現したいものだ。

大規模なネットワークではトラフィック量の伸びが速く、回線容量やネットワーク機器のキャパシティー管理を的確に進めることが難しい。進歩の著しいAIを活用してネットワークの運用管理をより効果的、効率的にすることも高度化のポイントだ。

社内環境欄の「店舗端末の更新」を太字で書いていることには理由がある。端末更新は店舗での工事が発生するので、店舗のネットワーク機器を更新するきっかけになる。ネットワーク機器単独では工事費用の負担が大きいが、端末更新とともに実施すれば少ない負担で済むからだ。5Gを店舗で利用するための機器更新や追加を検討すべきだろう。

読者の皆さんが運用する企業ネットワークでも、高度化すべき点や新サービス、新技術の活用を踏まえた高度化のシナリオを検討してはいかがだろう。

Chapter 2

5Gと閉域モバイル網の活用

働き方改革から災害対策まで「閉域モバイル網」を徹底活用しよう

この数年で固定通信と比較して、モバイル向け通信の高速化と低価格化が進んだ。企業はモバイルをより多く活用する「モバイルシフト」によって、通信コストを削減できる。それだけでなく、働き方改革や災害対策にも役立つ。その際使うべきなのはインターネットに接続していない「閉域モバイル網」だ。

2012年秋に大手携帯事業3社のLTEサービスが出そろい、モバイルの高速化が一気に進んだ。一方で2014年4月にイオンが格安のスマートフォンを発売したことをきっかけに、格安スマートフォンや格安SIMが注目を集めた。次々とMVNO（Mobile Virtual Network Operator：仮想携帯通信事業者）が登場し、2019年4月時点では1006社に達している。MVNO間の価格競争でSIMの利用料が安価になり、低価格化の波は、NTTドコモ、KDDI、ソフトバンクの大手3社のMNO（Mobile Network Operator：携帯通信事業者）にも波及している。

企業ネットワークは従来、光ファイバーを使った固定通信回線を中心に構築されてきた。これからは高価な固定回線を減らし、モバイル化することでネットワーク全体としてコストパフォーマンスを向上させ、利便性、安全性を高めることもできるのだ。

MVNOの仕組みと閉域モバイル網のメリット

そもそもMVNOのサービスはなぜ、安価なのだろうか？ 図2-1-1に示したMVNOの仕組みから分かる。図2-1-1の左側がMNOのネットワーク、右側がMVNOのネットワークである。現在、MVNOの多くはNTTドコモのネットワークを使っている。図のMNOはほとんどNTTドコモなのだ。その理由は後述する。

図2-1-1 MVNOの仕組み

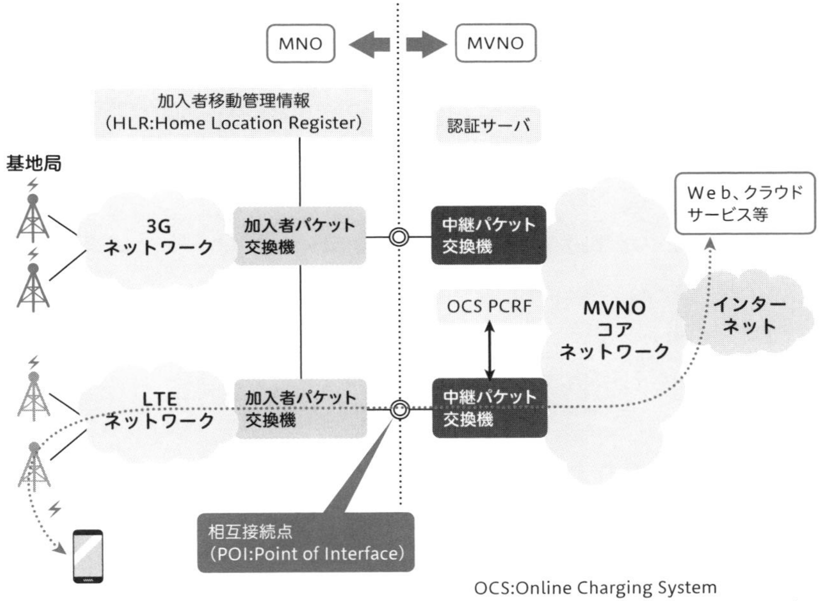

OCS:Online Charging System
PCRF:Policy and Charging Rules Function

MNOのユーザーがスマートフォンでインターネットを利用するときは、MNOのLTEや3Gのネットワークから直接インターネットに接続する。対してMVNOのユーザーがスマートフォンでインターネットを使う場合は、図2-1-1の点線のようにMNOの加入者パケット交換機とMVNOの中継パケット交換機を接続する専用回線を通って、MVNOのコアネットワークからインターネットに接続する。

MVNOサービスの主な原価は2つある。MNOから月額いくらで仕入れるSIMの料金と、接続用回線の費用（接続料）だ。MVNOのほとんどがMNOとしてNTTドコモを使っているのは、長い間NTTドコモの接続料が他の大手2社より大幅に安価だったからだ。

ちなみに、2015年のNTTドコモの10Mビット／秒当たりの接続料は94.5万円／月であったが、2019年は52.4万円／月となった。2020年度は初めてソフトバンクとKDDIの接続料がNTTドコモを下回り、それぞれ31.1万円／月、32.8万円／月となる見込みだ。NTTドコモは41.4万円／月である。MVNOの料金が安価なのはSIMの料金がごく安いことと、MNOの接続料が大幅に安くなったことによる。

コンシューマーがMVNOを使う目的はインターネット上のコンテンツやサービスを利用することだが、企業の目的は自社の業務システムやグループウェアを利用することが主である。さらに企業が使う通信には高いセキュリティが求められる。そこで筆者が推奨するのが、閉域モバイル網の活用である。

閉域モバイル網のメリット

閉域モバイル網の仕組みは至って簡単だ。図2-1-1と図2-1-2を比較してもらえばよい。閉域モバイル網ではスマートフォンやPCなどの端末をMVNOのコアネットワークからインターネットに接続せず、企業のイントラネットに直結するのだ。この結果、MNOのネットワークがイントラネットの一部になる。インターネットに出ることがなく閉じたネットワークなので「閉域」である。

モバイル網がイントラネットの一部になるので、SIMを装着するスマートフォンやノートPCで企業がイントラネットに使っているプライベートIPアドレスを使用できる。ただし、MVNOによってはユーザーがプライベートIPアドレスを指定できず、MVNOが指定するサービスがある。その場合、自社で使っているアドレスと重複があると利用に大きな制約が生じる。企業が閉域モバイル網のサービスを選択する際には、ユーザーが端末のIPアドレスを指定できるか確認すべきだ。

図2-1-2 MVNOによる閉域モバイル網

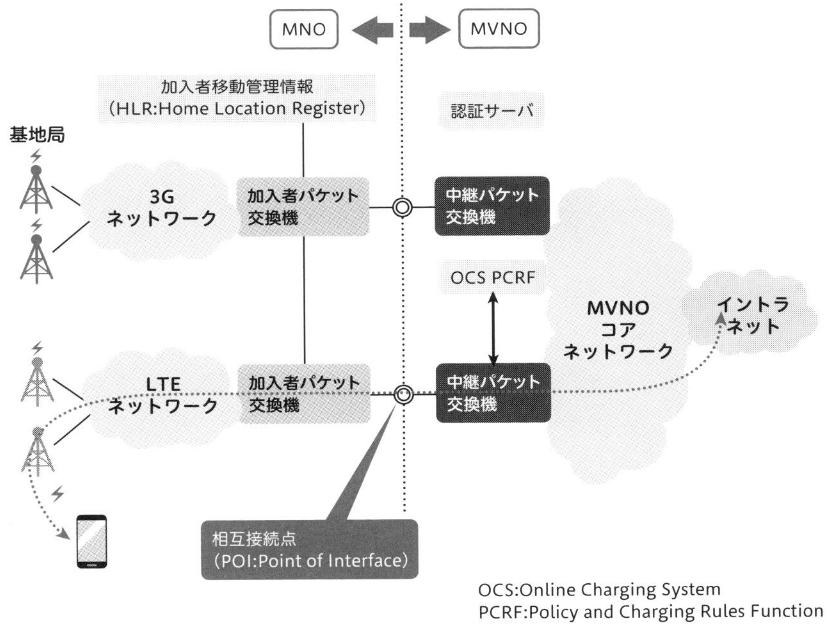

セキュリティのチェックはMNO側とMVNO側双方で行う。まずMNOはSIMに記録されているSIM固有の15桁の数字IMSI (International Mobile Subscriber Identity：国際移動体加入者識別番号) とSIM内の暗号鍵が、MNOが持つIMSIに対応した暗号鍵と整合し、SIMが正当であることを確認する。盗難や紛失でSIMが利用

停止になっている場合は、SIMが正当でも認証されない。

IMSIがスマートフォンなどに設定されているAPN（Access Point Name：MNOから接続するMVNOのゲートウェイを表す名前）の示すMVNOに割り当てられたものであるかどうかも、チェックする。

MNOでのチェックが完了すると、MNOからMVNOのRADIUS（Remote Authentication Dial In User Service）に接続要求が送られる。MVNO側でも再度IMSIをチェックし、ID、パスワードを確認する。確認できればSIMに対応するIPアドレスを払い出す。

このようにMNOとMVNOで二重のチェックを行い、不正なSIMを持った端末や不正なユーザーがイントラネットに接続することを防止している。

モバイルシフトを実践すると何が嬉しいのか？

閉域モバイル網によるモバイルシフトを実践した事例を見てみよう。図2-1-3がそのネットワーク構成である。本社は東京で国内に十数カ所の支社がある。特徴はPCの約80％が常時閉域モバイル網でイントラネットに接続していることだ。かつてのモバイル回線は営業マンなどが外出先からイントラネットへリモートアクセスすることが目的で、社員のせいぜい10％程度が使うものだった。モバイルシフトとは、社内にいようが社外にいようが、メインの回線としてモバイルを使おうという設計ポリシーだ。

図2-1-3 閉域モバイル網を主体としたネットワークの事例

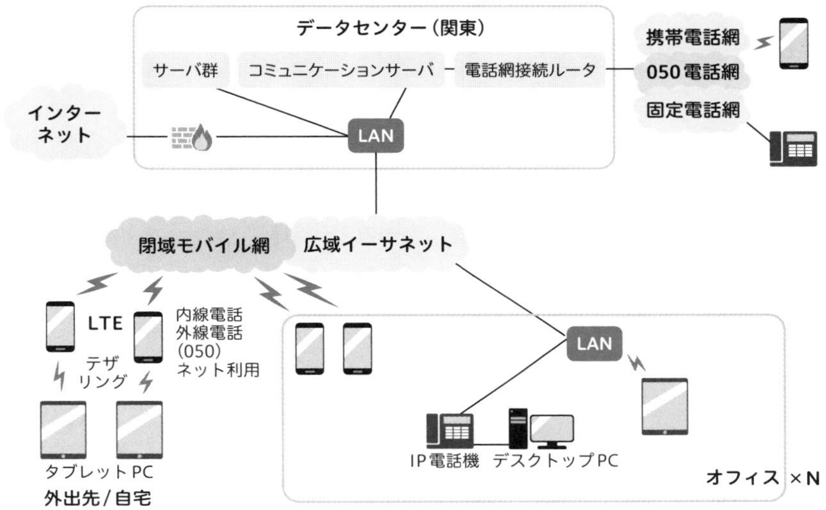

ネットワークは閉域モバイル網と広域イーサネットで構成している。この2つの網はユーザーに見えないところで通信事業者が網間接続している。

社員に貸与されたスマートフォンではMVNOのSIMを装着し、閉域モバイルに接続。図2-1-3左下に描かれたPCはスマートフォンのテザリングで利用する。これらのPCは社内で有線LANに接続されたデスクトップPC同様、社外にいてもファイアウォールやNATを介することなくイントラネット上のサーバにアクセスできる。インターネットを利用するときは、これもデスクトップPCと同じくデータセンターのファイアウォールやプロキシを経由して接続する。

通話にはIP電話を使っている。スマートフォンへデータセンターにあるコミュニケーションサーバ（IP電話サーバ）と通信するための通話アプリ（ソフトフォン）をインストールし、これに内線番号と050番号を対応付けている。

スマートフォンの間での内線番号による通話

すると、図2-1-4の点線のようにスマートフォンと固定IP電話機、スマートフォンとスマートフォンの間で内線番号による通話ができる。内線なので通話料はかからない。

スマートフォンから外線にかけるときはゼロ発信で外線番号をダイヤルする。すると、接続要求メッセージがスマートフォンからコミュニケーションサーバへ送信され、050電話網経由で相手の電話へ発信される。相手の電話にはスマートフォンに対応した050番号が発信元番号として通知される。

外部からスマートフォンの050番号へ電話すると、着信を受けたコミュニケーションサーバは、対応するスマートフォンへ電話を転送する。

内線電話も、外線電話もイントラネットの回線を使用するため、ひかり電話などの電話回線を引く必要がない。外線通話のためにデータセンターに電話回線を引いているだけだ。

図2-1-4 熊本地震直後も通話が確保できたスマートフォン内線

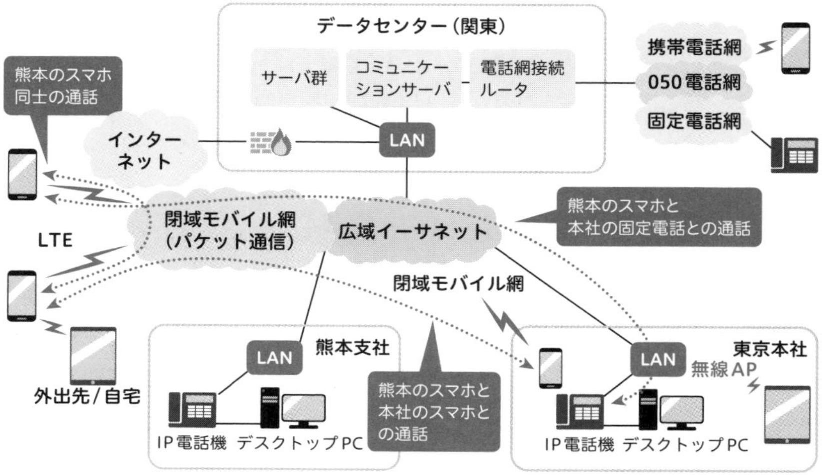

この電話の仕組みが、2016年に発生した熊本地震のときに役立った。熊本地震の2週間後にこのお客さまから電話を受けた。図2-1-4のようなネットワークのおかげで地震直後に助かったというお礼の電話だった。

2016年4月16日の未明に本震が起こった直後から、熊本支社の社員のスマートフォン同士で内線通話ができたというのだ。自宅の被害がひどく、出社できたのは翌週4月19日だったという。出社できない間もスマートフォンから本社へ内線通話ができ、PCでイントラネットを使うこともできた。

筆者がこのネットワークを提案したとき、災害対策はメリットとしてうたっていなかった。しかし、言われてみればこのネットワークは災害に強いのだ。理由は3つある。第一にパケット通信である閉域モバイル網は、地震の直後でも通信規制を受けにくい。通常の携帯電話は回線交換であり、災害時には消防や警察が優先され、一般の電話は規制されるためほとんど使えない。2011年の東日本大震災の時には、東京でも携帯電話が全く使えなかった。対してパケット通信を使うメールやTwitterは大丈夫だった。

第二に内線電話の交換は自前のコミュニケーションサーバなので、これも規制の心配がない。第三に熊本地震では停電がかなり発生したのだが、スマートフォンには内蔵電池があるので停電でも利用できる。

閉域モバイル網による内線電話やメールが災害時の通信手段として威力を発揮することを、熊本地震の被害に遭われたこの企業から教えられた。

閉域モバイル網のメリットは3つ

閉域モバイル網を主体にネットワークを作ること、つまりモバイルシフトのメリットをまとめておこう。

① 経済性の向上

固定回線を減らし、相対的に安価で高速になったモバイル回線を多用することで、回線コストを削減できる(回線コスト削減)。

スマートフォンが内線電話機になり、データセンター以外の電話回線が不要になるため、電話設備や配線コストが減少する。PCの過半が常時モバイル接続であるため、有線LANやそれに必要なスイッチが大幅に少なくなる(設備コスト削減)。

電話回線が不要になるため、基本料が大幅に減る。050電話を使うため、外線の通話料も安価になる。内線電話は社外で使っても無料である(電話料金削減)。

② 働き方改革

外出先や自宅にいても、社内と同じように内線電話やイントラネットを利用できる。

③ 災害対策

地震などの災害時にも内線通話やイントラネットの通信を確保できる。社員が会社にいない時間帯に災害が起こっても、社員がスマートフォンを持っていれば連絡できる。

5Gの基本

5Gは‘5th Generation’の略であり、第5世代移動通信システムのことである。アナログ携帯電話の1G、デジタル携帯電話の2G、初めて国際標準化された高速デジタル携帯電話3G、1Gbpsまでの超高速通信を実現した4Gに続く、最新の移動通信システムだ。日本では2020年3月から商用サービスが始まった。

この節では5Gの基本について述べる。

5Gの特徴と主要技術

5Gの特徴はよく知られているとおり、

①超高速
②超低遅延(高信頼が一緒にうたわれることもある)
③多数同時接続

の3点である。これらの特徴を生かしてデジタルトランスメーションの基盤として新しいサービスやビジネス革新を実現することが期待されている。

1世代前の4Gはスマートフォンが主たる端末だったが、5Gは速度が4Gの10倍(最大20Gbps)、遅延は10分の1(1ミリ秒)、同時接続端末数は10倍（100万デバイス/km^2）が想定されており、センサー、ドローン、クルマなど多様なモノが接続され幅広いユースケースが可能になる。

超高速を実現するMassive MIMOとビームフォーミング

5Gの超高速を実現する技術がMassive MIMOとビームフォーミングだ（図2-2-1）。Massive MIMOは複数のアンテナを使ってデータの送受信を行う無線通信技術のMIMOを発展させた技術である。Massiveは「大規模な」という意味だ。

4Gで使用されている2×2 MIMOでは2本、4×4 MIMOでは4本のアンテナを送信側、受信側とも使うが、Massive MIMOでは送信側のアンテナが大幅に増え、数10から数100のアンテナ素子を使用してデータを送信する。これに一定方向に指向性の高い電波を送るビームフォーミングという技術を組み合わせることで、基地局間の干渉を抑えながら電波強度を上げ、超高速通信を可能にする。

図2-2-1 Massive MIMOとビームフォーミング

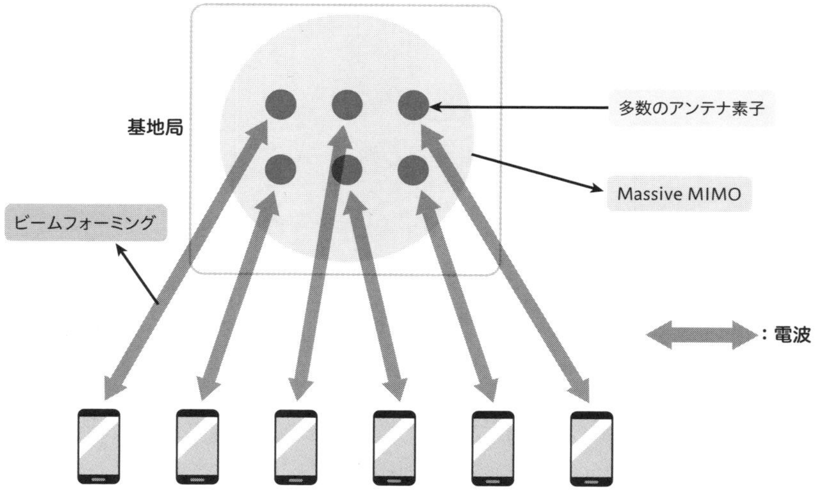

超低遅延を実現するMEC

超低遅延を実現するのが図2-2-2のMEC（Mobile Edge Computing）である。図の左にあるように4Gではクラウド上のサービスと端末の距離が離れていたため10ミリ秒程度の遅延が生じていた。5Gでは基地局の近くにエッジサーバを設置し、サービスの一部をここで完結させることで端末との距離を大幅に短縮し超低遅延を実現する。

図2-2-2 MEC（Mobile Edge Computing）

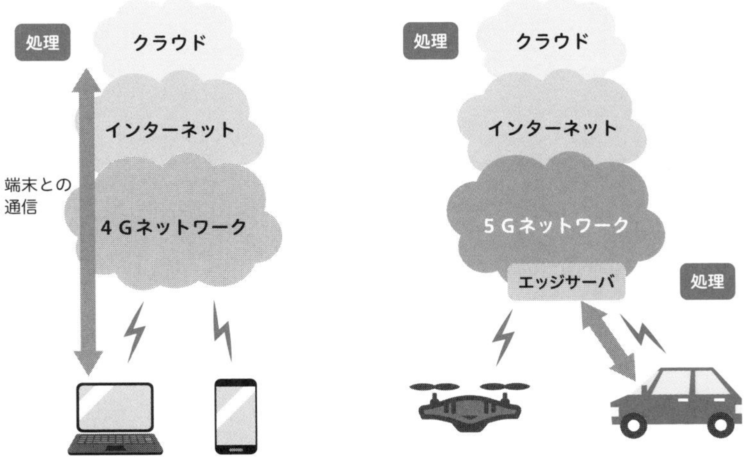

多数同時接続を実現するグラントフリー

多数同時接続を実現する技術がグラントフリーだ（図2-2-3）。4G以前は端末と基地局が通信を始める前に周波数や利用時間帯のネゴシエーションをしていた。その結果を基地局がグラント（事前許可）として端末に発行していた。グラントフリーはその名のとおり、グラントなしでいきなりデータ送信ができる。これによって、基地局の負担を減らし多くの端末が同時に接続できるようにする技術だ。送信エラーのリスクもあるが、再送信でカバーできる仕組みを持っている。

図2-2-3 グラントフリー

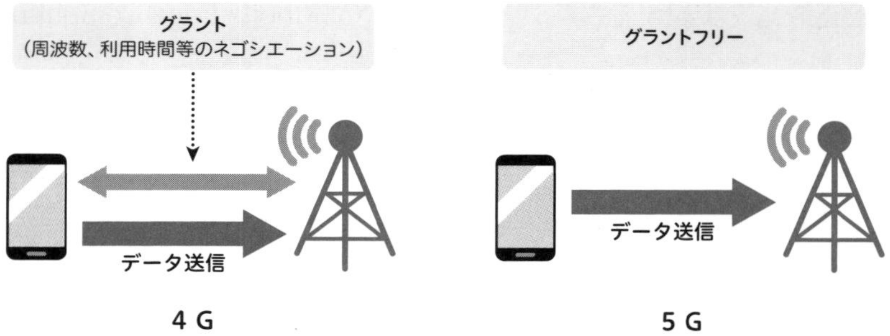

5Gのネットワーク構成

この原稿を書いている2020年4月現在、5Gのネットワークは完成形にはなっていない。現時点でのネットワーク構成はNSA（Non-Stand Alone、図2-2-4の左）と呼ばれるものだ。完成形はSA（Stand Alone、同図の右）である。

NSAは5Gのサービスを早期に始めるための構成で、ネットワークのコア部分は4Gの設備を使う。コア部分は端末の接続・切断、基地局間の移動制御、端末位置管理と呼出し、加入者認証、IPアドレス管理と伝送品質制御、IPパケット転送など文字どおりコアな役割を果たしている。

NSAでは基地局だけ5Gの基地局を導入するが、5G端末の制御は4Gの基地局を通じて4Gコアで行う。データ送信だけを5Gの基地局で行うため、超高速という5Gの特徴は実現できるが、超低遅延や多端末同時接続はできない。

SAはコアも基地局も5G仕様となり、5Gの3つの特徴のすべてが実現される5Gの完成形だ。5Gの通信技術の標準化を進めている3GPP（Third Generation Partnership Project）は5Gコアの仕様を含むリリース16を2020年3月に完成する予定だったが、新型コロナウイルスの影響で延期されている。5Gコアは標準化が完了してから2〜3年で製品が実用化され商用サービスに適用される。2022年か、2023年にはSAが登場する見込みだ。

図2-2-4 5Gのネットワーク　NSAとSA

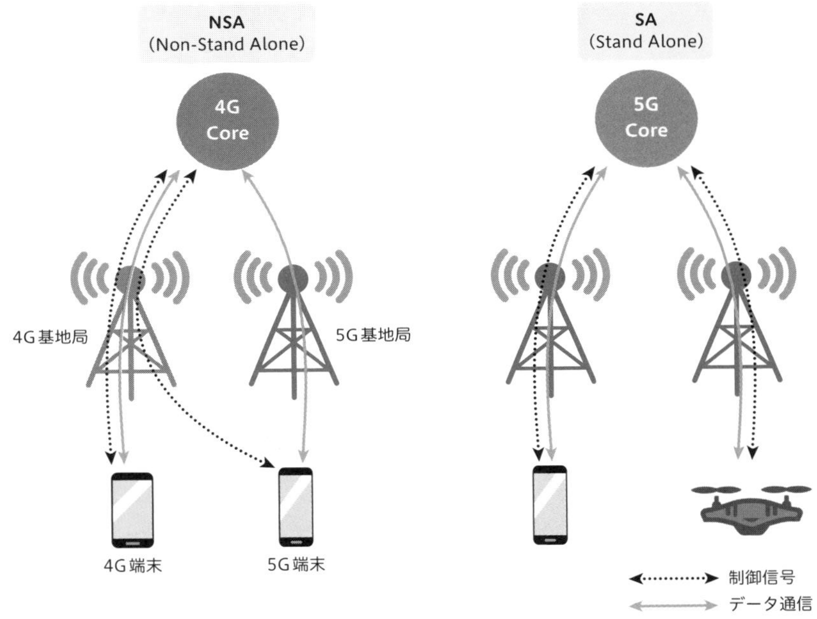

ローカル5Gとは

ローカル5Gが生まれたのはヨーロッパである。欧州の携帯通信事業者は基地局の設置に日本の携帯通信事業者ほど積極的ではないらしく、工場の敷地内とかビルの内部への基地局設置をやりたがらないそうだ。であるならば、携帯通信事業者に頼らず自分で5Gネットワークを自社の工場やビル内で構築しようという発想でローカル5Gが生まれた。

5GはNTTドコモ、KDDI、ソフトバンクといった携帯通信事業者＝MNO（Mobile Network Operator）が全国をカバーしてサービスを提供するものだ。これに対してローカル5Gは自治体や企業が特定の範囲内に自前の設備を持ち、電波の利用権をもって独自の5Gネットワークを構築する。図2-2-5にあるように工場内のスマートファクトリー、広大な敷地内での建設機械の遠隔操作、スタジアム内で映像やデータを観戦者に送る、などの用途が想定されている。いずれも超高速、超低遅延、多端末同時接続という5Gの特徴を生かすものだ。

図2-2-5 ローカル5Gのねらい

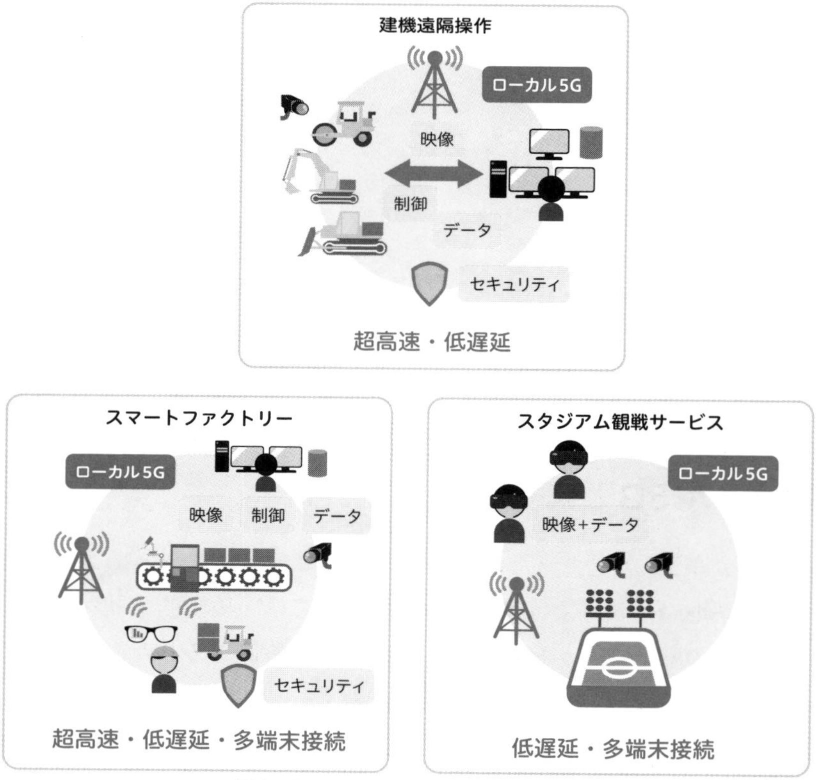

（総務省「ローカル5G作業班第一回会合 5Gの自営的利用について」より引用）

日本では総務省が2019年12月に法令を制定しローカル5Gの周波数が割り当てられたことで利用可能となった。ローカル5Gを企業や自治体が使うには電波法で定められた準備や免許申請が必要だ。電波は無料ではなく、基地局ごと、端末ごとに利用料がかかる。

必要なこととしては、コア装置・基地局・端末などの設備の設計と構築、無線のエリア設計と免許申請、免許交付後の無線従事者（有資格者）による運用、などがあげられる。

つまり、MNOが提供する5Gサービスを使うのと比較してハードルが高いのだ。MNOのサービスはスマートフォンやIoTデバイスなどを5Gにつないで使うだけで、免許など必要ない。コア設備や基地局を用意することもない。もし、工場内にMNOが基地局を用意してくれるなら、ローカル5Gを構築せず、MNOの5Gで済ませるのが企業にとっては有力な選択肢だ。

ローカル5Gのネットワーク構成例

2020年時点でのローカル5Gのネットワークの構成例を図2-2-6に示す。工場内のローカル5Gで、アーム型ロボットと一体になったAGV（自走ロボット）を制御し、工作機の集合体であるマシニングセンターで工具の交換や材料のセットを行う。この時点ではNSAであるため、コア設備は4G、制御通信は4Gの基地局経由、データ通信は5Gの基地局経由となる。超高速は実現できるが、超低遅延や多端末同時接続は実現できない。したがって、マシニングセンターの機械とAGVの動作をミリ秒単位で合わせるのは難しい。マシニングセンターの故障で、瞬間的にAGVの動きを止めようとしても間に合わないケースも想定される。

図2-2-6 ローカル5Gのネットワーク構成（2020年時点）

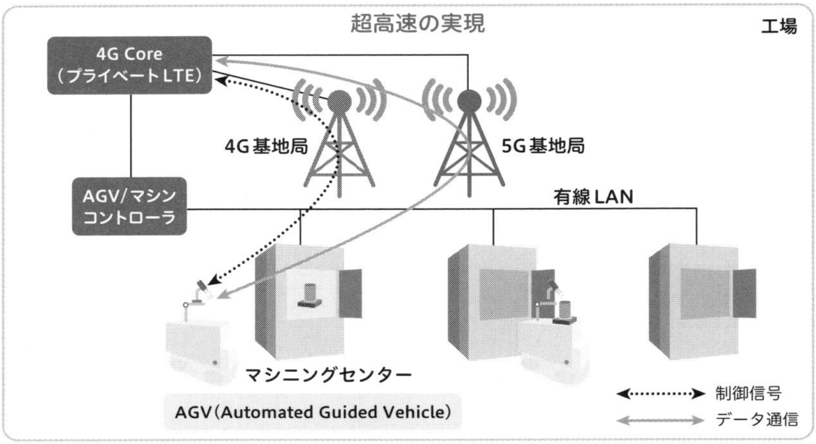

数年後にSAが可能になるとローカル5Gは図2-2-7のような構成になる。5Gの3つの特徴すべてが実現できるため、AGVとマシニングセンターがより高度に同期を取って連携できる。ローカル5Gが真価を発揮するのはSAになってからなのだ。

図2-2-7 ローカル5Gのネットワーク構成（202X年時点）

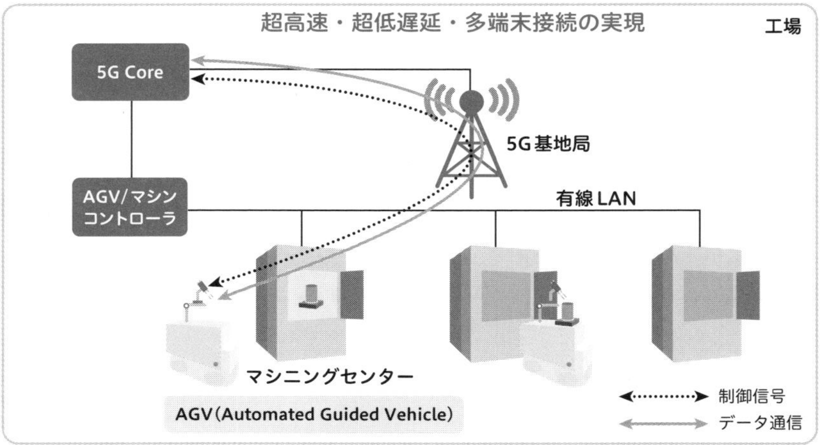

5Gの周波数割当て

5Gの電波の周波数割当ては図2-2-8のとおりである。MNO向けにはNTTドコモが3.7GHz帯に100MHzを1枠、4.5GHz帯に同じく100MHzを1枠、28GHz帯に400MHzを1枠となっている。KDDIは3.7GHz帯に100MHzを2枠、28GHz帯に400MHzを1枠。楽天とソフトバンクはともに3.7GHz帯に100MHzを1枠、28GHz帯に400MHzを1枠の割当てとなっている。

図2-2-8 周波数割当て

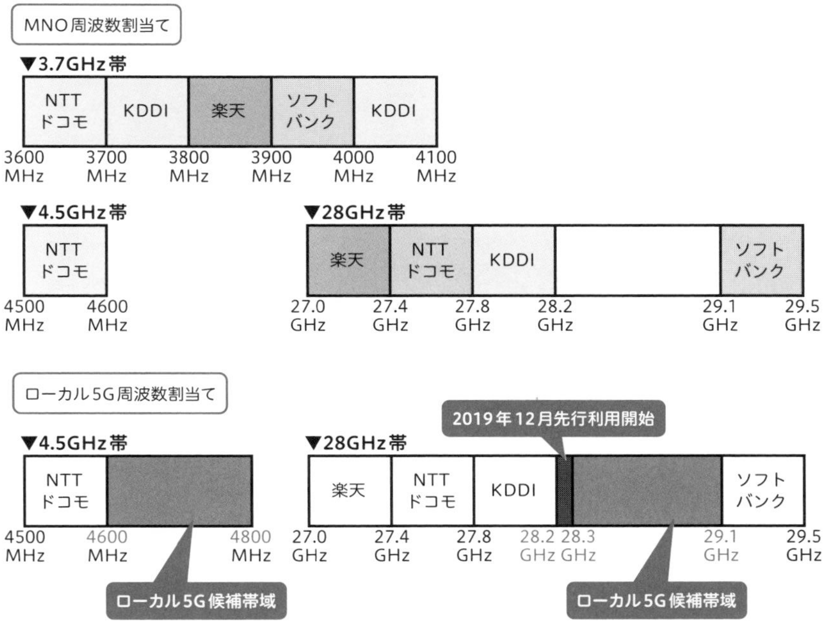

ローカル5Gは2019年12月に28.2GHzから28.3GHzまでの100MHzが割当てられた。4.5GHz帯、28GHz帯にローカル5Gの候補帯域があるが、いつ利用可能になるかは決定していない。

5Gのロードマップとユースケース

2-2で述べたとおり、5Gは2020年時点では完成していない。本節では、今後の5Gのロードマップと実現可能になるユースケースについて述べる。

図2-3-1 5Gのロードマップ

5Gのロードマップとユースケース

5Gのロードマップはプレサービス、NSAによるサービス、SAによるサービスの3期に分かれる。プレサービスはMNOが商用サービスの前に5Gへの社会的な関心を高めようと、2019年の秋から冬にかけて始めたものだ。マルチアングルの映像が楽しめるスタジアム観戦、ドローンレースの高品質映像配信、スタッツ（統計）と映像を駆使したスポーツ観戦など、超高速を生かした映像関連のユースケースが主であった。

2020年3月にMNO各社が始めた5Gの商用サービスはNSAベースである。NSAでどんなユースケースがあるか、参考になるのはNTTドコモが2020年3月25日のサービス開始と同時に発表した22のソリューションだ。5Gの3つの特徴のうち超高速しか実現できないNSAでどこまでできるのか参考になる。ソリューションのうち代表的なもの2つを紹介しよう。

製造機器一括分析ソリューション

図2-3-2の製造機器一括分析ソリューションは、工場内に多様な機器を5Gネットワークに接続するためのデバイスゲートウェイと5Gルータを設置し、AIを駆使して各種の分析を行うクラウドに接続している。NTTドコモが工場内のネットワークも設備を提供するのでインドアソリューションの1種と言えるだろう。ローカル5Gの対極にあるソリューションだ。

工場からリアルタイムで送られる製品の画像をAIで分析し不良品の検出をしたり、稼働データを分析して製造ラインの異常を察知したりして、予防保全に活用することができる。5Gならではの高精細な画像データが利用でき、NSAとは言え4Gより低遅延で稼働データを収集できる。

図2-3-2 NSA 5Gのユースケース「製造機器一括分析ソリューション FAAP」

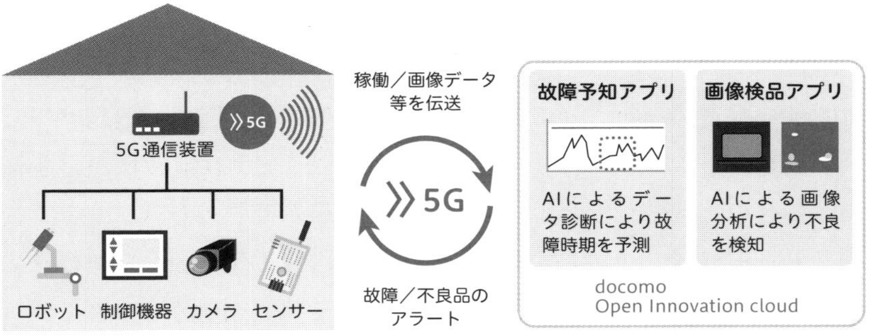

(NTTドコモ「5Gソリューションのご紹介」より引用)

遠隔作業支援ソリューション

図2-3-3の遠隔作業支援ソリューションは、スマートグラスを装着した未熟練の作業者を離れたところにいるベテラン技術者が支援するソリューションだ。5Gの超高速を生かして、映像や音声をリアルタイムで使いタイムリーな指示やアドバイスができる。AR（Augmented Reality：拡張現実）を用いてマニュアルや作業手順をスマートグラスに表示することで、指示内容を分かりやすく伝えることができる。

図2-3-3 NSA 5Gのユースケース「遠隔作業支援ソリューション　AceReal」

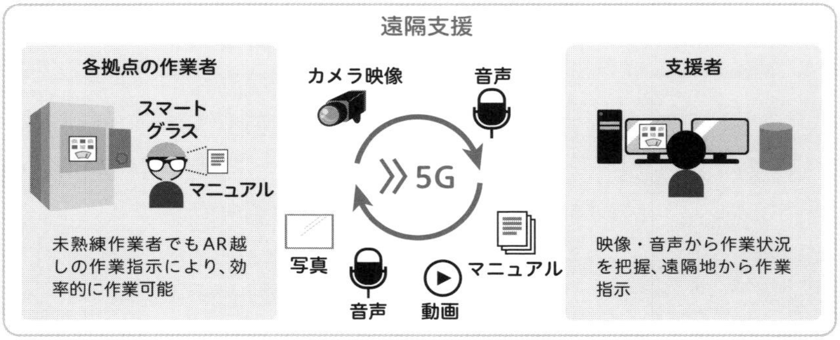

(NTTドコモ「5Gソリューションのご紹介」より引用)

SAによるユースケース

数年後に実現されるSAの典型的なユースケースが自動運転だ（図2-3-4）。典型的であると同時に最高レベルの技術が求められる。自動運転とは人間に代わってシステムがクルマの運転を行うものだが、0から5の5段階のレベルが定義されている。レベル0は人間が運転するレベル。レベル1と2はシステムが運転の支援をするレベルだ。レベル3と4は特定の場所での自動運転。レベル5が場所を問わない完全自動運転である。

完全自動運転ではクルマに取り付けられたセンサーやカメラで周囲の情報を把握・分析し、ハンドル・ブレーキ・アクセルを制御する。自車で把握する情報だけでなく、信号、周囲の車両の動きに関する情報、歩行者情報などを超低遅延通信で取得し、制御に反映する必要がある。大量の情報を超低遅延で扱うために5Gの超高速・超低遅延という特徴が生きる。クルマをはじめ多種多様なデバイスが5Gにつながるため、多端末同時接続も必要だ。

図2-3-4 SA 5Gのユースケース「自動運転」

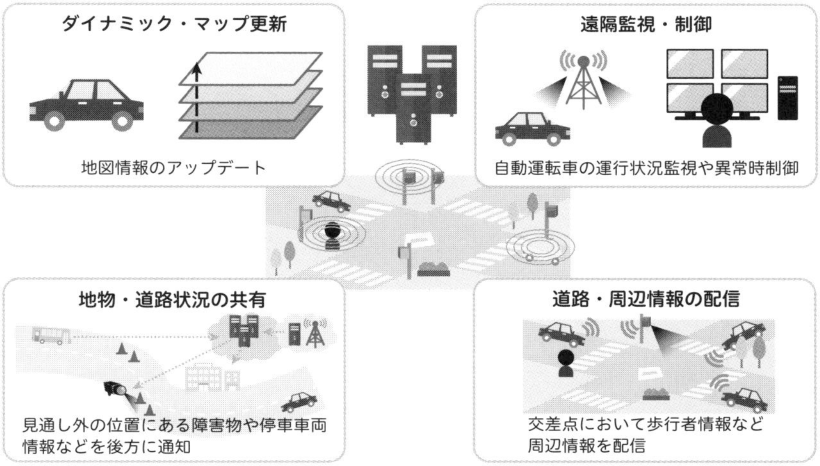

（総務省「自動運転に向けた総務省の取り組み」（2018.11）より引用）

「ローカル5G」は企業のニーズに合った5Gなのか？

大手携帯通信事業者によって全国で展開される「5G」。これに対して地域のニーズや産業分野の個別ニーズに応じて、さまざまな主体が構築する5G通信システムを「ローカル5G」という。だが、企業にとってはローカル5Gより「5Gインドアソリューション」の方が有用ではないだろうか。その理由を解説する。

なぜローカル5Gでなければいけないのか？

先日、ローカル5Gの説明会に出席する機会があったのだが、概念や想定されるユースケースの話ばかりで、一番知りたいことについての説明がない。そこで最後に質問を投げ掛けた。「なぜローカル5Gでなければいけないのですか？　5Gの電波さえ届いていれば、工場の中だろうとオフィスだろうとキャリアの5Gでよいではないですか？　わざわざ免許を取り、設備投資をしてまでローカル5Gを使うメリットはあるのですか？」

この質問に対してすっきりした回答はもらえなかった。

5Gとは「異なる」ローカル5G

5Gはもはや新しい話題ではない。2-2でも解説した「超高速」「超低遅延」「多数同時接続」という5Gの特徴を何度も目にした読者も多いだろう。ここにもう1つ加えるなら「高信頼性」が挙がる。これは無線LANの不安定さに悩まされている企業ネットワーク担当者にとって、5Gの一番の魅力かもしれない。

5Gで使う周波数帯は3.7GHz帯、4.5GHz帯、28GHz帯の3種類である。電波特性が似ている3.7GHz帯と4.5GHz帯には合わせて100MHz幅を6枠、28GHz帯には400MHz幅が4枠設定されている。NTTドコモには3.7GHz枠1つと4.5GHz枠1つ、28GHz枠1つが割り当てられた。KDDIは3.7GHz帯2枠と28GHz帯1枠、ソフトバンクと楽天モバイルにはそれぞれ3.7GHz帯1枠と28GHz帯1枠が割り当てられた。

4社が5Gを全国サービスとして展開するのに対し、地域や産業分野の個別ニーズに応じてさまざまな主体が限定された範囲で独自に構築する5Gを「ローカル5G」と呼び、総務省が制度化を進めている。その用途は2-3で解説したように低遅延性を生かした建設機械のリモート制御や工場でのロボット制御、低遅延と大容量を生かした遠隔診療など多岐にわたっている。

ローカル5Gで使う周波数帯は4社の枠とは別に4.6〜4.8GHz、28.2〜29.1GHzが想定されている。中でも28.2〜28.3GHzの100MHz幅が先行しており、2019年12月に制度化され認可申請の受付が始まった。

ローカル5Gに残る疑問はコスト

冒頭の疑問に戻ろう。

「5Gの電波さえ届いていれば、工場の中だろうとオフィスだろうとキャリアの5Gでよいではないですか？　わざわざ免許を取り、設備投資をしてまでローカル5Gを使うメリットはあるのですか？」

ローカル5Gの機器は無線LAN機器より高価になるといわれている。電波も無線LANのようにタダではない。電波利用料がかかるのだ。2019年5月に交付された改正電波法では28GHz帯の基地局は年間2600円／台、端末は年間370円／台の利用料がかかる。利用料を支払うため、ローカル5Gの運営主体はこれらの設備数を管理しなければならない。

ローカル5Gで使える端末、たとえば今後登場するスマートフォンやPCは周波数帯の違うキャリア5Gでも使えるのだろうか、という疑問も残る。

無線局免許を取り、高い設備投資を決断し、電波利用料の支払いを含む運用を自社でこなす。これほど負担の大きいことをしなくても5Gの電波が届き、その特徴が生かせるのならキャリアの5Gをオフィスビル内や工場内で使えるようにする「インドアソリューション」の方が望ましいのではないか。

インドアソリューションでは何ができる?

図2-4-1は5Gではなく、4Gのインドアソリューションである。2017年に都内の新築ビルで実際に構築されたものに基づいた図だ。

図2-4-1 4Gインドアソリューション

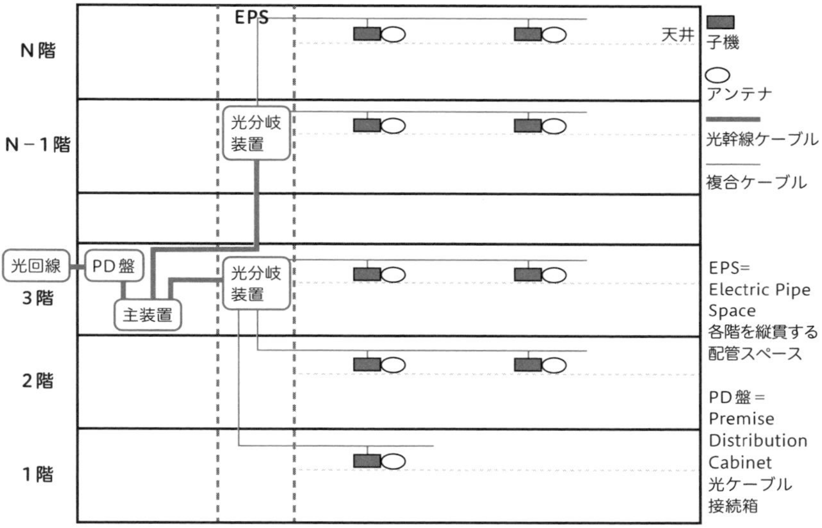

インドアソリューションとは、モバイル用の電波が十分入らないビルにおいて電波を問題なく使えるようにする仕組みだ。携帯通信事業者のネットワークから光ファイバーの固定回線がPD盤に引き込まれ主装置へ接続する。主装置から屋内ケーブルが伸びて、天井裏に子機とアンテナを設置する。アンテナから4Gの電波が出てデータ通信と電話が利用できる。

4Gが700MHzから3.6GHzと周波数帯が低いのに対し、5Gでは3.7GHzから28GHzと周波数帯が高い。低い周波数帯の電波は障害物があっても回り込んで届く特性がある。だが、高い周波数帯の電波は直進性が強く、障害物があると電波が届きにくい。つまり、5Gはオフィスビルであれ、工場であれ電波を行きわたらせることが難しいのだ。5Gにこそインドアソリューションが必要だといえる。

インドアソリューションを用いて工場やオフィスビル内で5Gを使えるなら、わざわざ手間をかけてローカル5Gを構築する必要はない。図2-4-2がそのイメージである。

図2-4-2 5Gインドアソリューションのイメージ

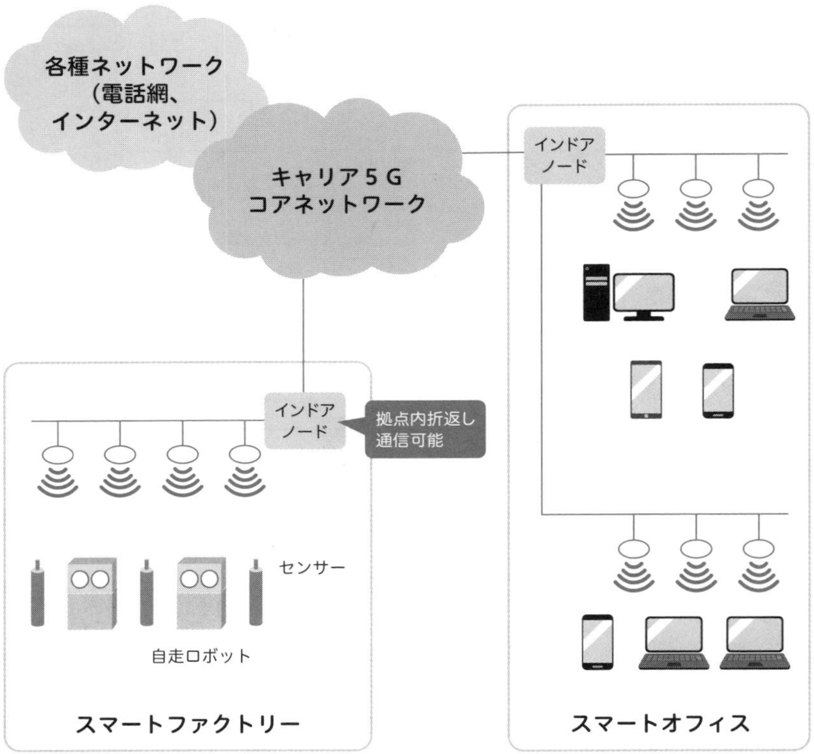

図中にあるように、インドアノードに折り返し通信の機能が備わっていれば、工場内やオフィス内の通信は外部の設備に依存せず、インドアソリューションの中で済む。外部の設備の障害やネットワークの輻輳（ふくそう）の影響を受けない、というローカル5Gのメリットはインドアソリューションでも得られるのだ。

5Gインドアソリューションはセキュリティ面の不安も少ない。4Gと同様、閉域網で5Gインドアソリューションを利用し、プライベートIPアドレスで構成すればインターネットと切り離されたネットワークになるからだ。

キャリア5Gの周波数帯で使えるスマートフォンやPC、センサーなどのさまざまな端末が確実につながるのも、大きなメリットだといえる。

2020年5月にソフトバンクが「プライベート5G」という名称の5Gインドアソリューションを発表した。2022年からSAで提供を始めるという。5GインドアソリューションはSAでなくNSAでも、Wi-Fiより優れた高速性と安定性を持つ構内無線としてメリットが大きい。

中堅中小企業も含めて、5Gがオフィスや工場で広く使われるためにリーズナブルな料金で使えるNSAの5Gインドアソリューションが早期に提供されることを期待する。

5Gのメリットは「シンプルな」使い方で引き出そう

「5Gでデジタルトランスフォーメーション（DX）を実現！」という旗印の下、スマートファクトリーや建設機械の遠隔操作など、どの携帯事業者大手も似たようなユースケースを提案している。企業ネットワークの立場から見ると、これほど複雑な使い方をしなくてもよい。5Gを「新しい超高速モバイル回線」と捉えれば、もっと簡単に多くの場所でメリットを引き出すことができる。この節では、企業ネットワークにおけるいくつかの用途と注意すべき点について述べる。

トラフィックの一時的急増に対処する

LTEが5Gになると理論的な最大速度は10Gbps以上になる。さまざまな条件により、実際の速度がその10分の1の1Gbpsであったとしても、「フレッツ 光ネクスト」（以下、フレッツ）よりはるかに速いことになる。図2-5-1のようにWindows Updateなどで一時的にトラフィックが急増するときは、フレッツと5Gを使って負荷分散することでオンライン業務の遅延やタイムアウトを起こさないようにできるだろう。

なお、5Gを店舗やオフィスで使う場合、フレッツ対応のルータと5G対応のルータを分けた方がよい。その理由は後述する。

図2-5-1 トラフィックの一時的急増に対処する（Windows Update等で役に立つ）

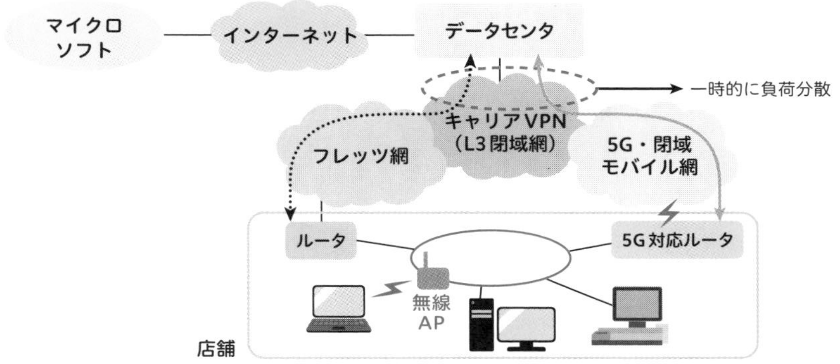

5Gがもたらす広帯域を効果的に負荷分散で生かすには、古いルーティング設計の手法では不十分だ。たとえば、フレッツを普段はメイン回線に使い、メイン回線が不通になったら5Gに切り替える、といった設計は単純だ。

しかし、フレッツと5Gで負荷分散するとなると、何を契機に負荷分散を始めるのか、フレッツと5Gにトラフィックをどのような方法で分けるのか、負荷分散している状態からメイン回線だけの状態に戻すきっかけをどうするかといった仕様を決め、実装する必要がある。

これはルーティング設計の範囲を超えている。トラフィックを監視、制御する仕組みを作らねばならない。AIなどを応用したネットワーク制御可能な製品やサービスの登場に期待したい。

快適なビデオコミュニケーションを実現する

手軽に使えて高品質なクラウド型ビデオ会議サービスが増えており、各企業でビデオ会議を利用する頻度が数年前と比較して格段に多くなった。この傾向は、コロナ感染症予防のための在宅勤務の急増で一層拍車がかかっている。筆者の運用するネットワークで閉域モバイル網を使っている企業を見ると、とくにモバイルでの利用が多い。上位の役職の社員は事業所間の移動や出張が多く、LTEのSIMカードを内蔵したPCでビデオ会議に参加することが多いのだという。

LTEが5Gに変わればさらに広帯域、低遅延になり、ビデオ会議の品質は向上する。モバイル利用だけではなく、中小規模のオフィスでのビデオ会議も改善される。フレッツのような限られた帯域の回線のみを使っているオフィスでビデオ会議を始めると、帯域不足で映像が乱れたり音声が途切れたりする。ビデオ会議のトラフィックのために、他のオンライン業務の通信が圧迫されて遅くなることもある。帯域を増やすためにフレッツより広帯域を求めて固定回線を引くと月額料金が1桁高くなるので現実的ではない。

このようなときは、図2-5-2に示した中小規模オフィスのようにビデオ会議を固定回線と独立させて5Gで使えばよい。テレワークだからモバイルを使うのではなく、固定した場所でビデオ会議を使う場合でも5Gでつないだ方がよいのだ。有線LANに接続しないため、ビデオ会議の機材をオフィス内で移動して使うことも容易になる。

図2-5-2 5Gで快適なビデオコミュニケーションを実現する

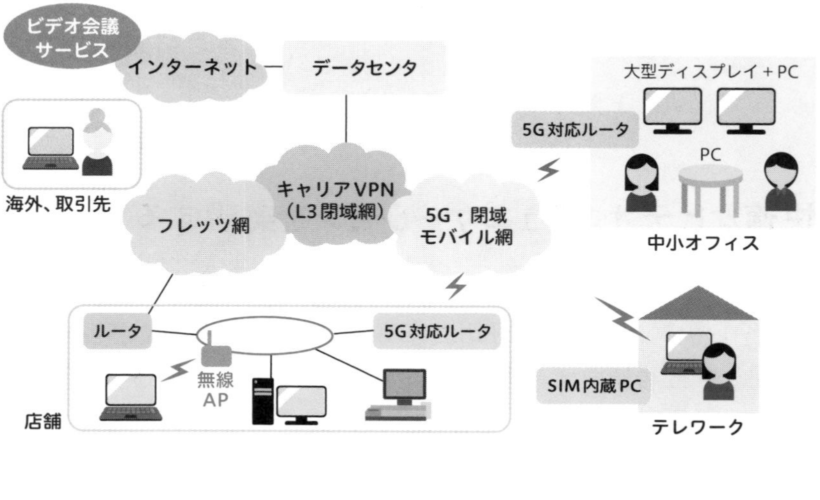

ワイヤレスオフィス、ワイヤレスストアの実現

小規模なオフィスでは固定回線の利用を完全に止めて、5Gだけでイントラネットに接続するという使い方も可能だ（図2-5-3）。

ワイヤレスオフィス、ワイヤレスストアの誕生である。現在のLTEでも事例はある。筆者の運用する流通業のネットワークでは瀬戸内海の島や山峡の店舗があり、フレッツが引けないため、常時LTEだけでオンライン業務をこなしている。瀬戸内海の島ではすでに5年以上運用しているが、問題なく利用できている。ただし、フレッツほど速度は出ないので、フレッツを導入した店舗で提供している無料公衆無線LANサービスは提供していない。

5Gに変われば広帯域になるので、このような店舗でも公衆無線LANサービスを提供できるだろう。完全なワイヤレスストアに変えるには電話も5Gの回線でまかなわねばならない。フレッツならひかり電話を利用できるが、ルータを使う5Gでは電話が使えない。ここは割り切って携帯電話を使うのが現実的だ。

図2-5-3 小規模拠点から固定回線を排除する

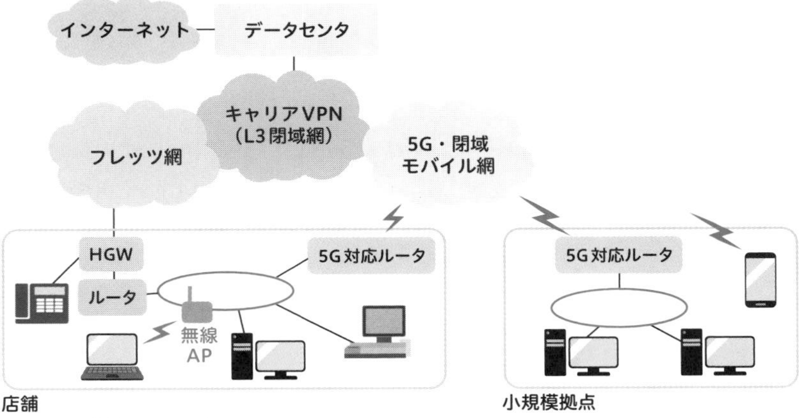

HGW：ホームゲートウェイ

「浸透率の低さ」が落とし穴になる可能性

5Gを企業ネットワークで使うときの注意点は電波の浸透率が低いことだ。現在のLTEではプラチナバンドと呼ばれる800MHz帯の他、1.7GHz帯、2GHz帯などをメインで使っている。複数の周波数帯域を合わせて高速化を図るキャリアアグリゲーションでは3.5GHz帯を使う。

これに対して5Gでは3.7GHz帯、4.5GHz帯、28GHz帯を使う。LTEよりはるかに周波数帯域が高いのだ。

よく知られているように電波の周波数が高くなると直進性が高くなり、建物の壁などを通る際の減衰率も高くなる。建物内部への浸透率が低くなるのだ。つまり、建物の奥まった場所では5Gの電波が届かない可能性がある。

図2-5-1で固定回線用のルータと5G用のルータを分けた理由がこれだ。光ファイバーはバックヤードに引き込むことが多く、5Gの電波が入らない可能性がある。光ファイバー用のルータはバックヤードに置き、5G用のルータは店舗であれば公道に面した入口近く、たとえばレジ回りに設置することが望ましい。

大きなビル内で5Gを使うとなると、ビルの隅々まで5Gの電波が届くことは望み薄である。2-4で紹介した「5Gインドアソリューション」が不可欠だ。

5Gサービスのエリア展開の進展や5Gインドアソリューションの動向をウォッチしつつ、企業ネットワークでの5G導入を適切に進めたいものだ。

Chapter 3

クラウドと
コミュニケーション
サービス

クラウド型テレビ会議サービスで生産性向上と働き方改革を実現しよう

ここ2～3年、ネットワーク構築プロジェクトでテレビ会議を使うことが増えている。現在も札幌に本社がある大手流通企業のプロジェクトでテレビ会議を利用している。この会社が名古屋の同業を買収したため、その店舗を買収元企業のネットワークに移行しているのだ。

設計やスケジュールの打ち合わせをするため、札幌と名古屋、筆者のプロジェクトチームがいる川崎（武蔵小杉）の3カ所を結んでテレビ会議を利用している。要件定義から基本設計書のレビューまで何度も会議を行い、今後も移行が完了するまでに進捗会議がある。

もし、テレビ会議がなかったら、どこかに関係者が集まって打ち合わせをする必要がある。そのために必要な移動時間や交通費、人件費は膨大なものになる。プロジェクトメンバーが離れた場所に分散している場合、テレビ会議はプロジェクトの生産性向上に大きな威力を発揮する。

武蔵小杉で使っている会議端末はPCだ。それを閉域モバイル網（2-1参照）でイントラネットに接続している。LTEサービスを使っているのだが、画質も音質も問題ない。モバイルが広帯域で安価になり、PCやスマートフォンをテレビ会議端末として使えるようになったことで、テレビ会議の利用シーンが広がったのだ。

レガシーなテレビ会議システムは高価

これまで企業が使ってきたレガシーなテレビ会議システムを振り返ってみよう。

レガシーなテレビ会議システムには30年以上の歴史がある。当初は高速デジタル回線と呼ばれる6Mbps程度の専用線で主要都市の拠点間を結んで使っていた。物価が安かった当時でも、テレビ会議システムは1つのサイトで1000万円を軽く超える費用がかかった。

メーカーごとに独自の専用テレビ会議端末を使う制約は現在も変わらない。ただし、IP化と通信プロトコルの標準化が進んだため、異なるメーカーの端末間をH.323やSIP（Session Initiation Protocol）といった標準プロトコルで相互接続することが容易になった。

図3-1-1がレガシーなテレビ会議システムの構成だ。専用端末は本体、カメラ、マイク、スピーカーがセットになっており、外部ディスプレイとともにシステムを構成する。本体には数拠点程度を接続して多拠点間会議をする機能を備えたものもある。

図3-1-1 レガシーなテレビ会議システム

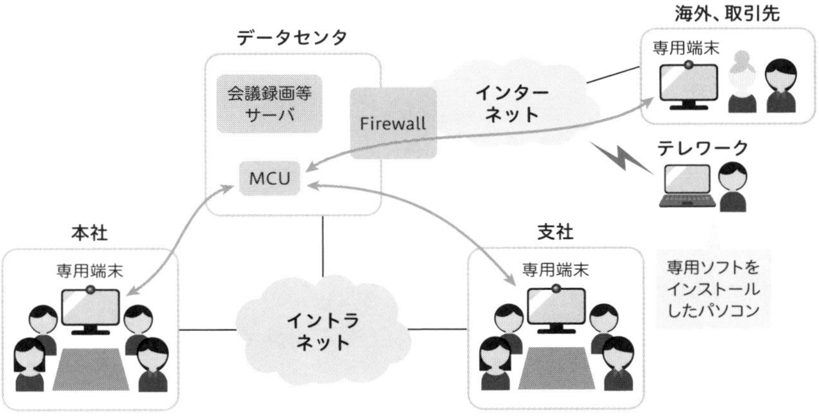

MCU:Multi Control Unit（多拠点制御装置）

対象とする会議室の大きさや多拠点会議機能の有無によって価格は変わるが、1拠点あたりの機器費用は数10万円から数百万円と高価だ。会議参加拠点数が10拠点程度を超えるとMCU（Multi Control Unit：多拠点制御装置）という専用の装置が必要になる。

MCUはとても高価だ。10拠点で500万円程度、20拠点だと1500万円程度になる。しかも、年間保守料がそれぞれ約100万円、約300万円とランニングコストも高額だ。会議録画などの機能を使う場合はさらにサーバを用意する必要がある。

MCU不要で軽快な機動性がクラウド型のメリット

クラウド型テレビ会議システムの長所は、最新のクラウド技術のほか、PCやタブレットが備える高性能なカメラやマイク、広帯域で安価になったモバイル回線などを生かし、安価で軽快な使い方ができることだ。複数のサービスを選択でき、どのサービスの構成も似ている。図3-1-2はZoom Video Communicationsの「Zoom」の例である。

図3-1-2の中央上に示したMeeting Roomが先ほどのMCUに相当する機能を持つ。会議の主催者が利用の都度、Meeting Roomを開設し、ミーティングIDの入ったメールで社内外の参加者を招待する。Meeting Roomには主催者を含め最大300拠点が参加できる。参加者はURLをクリックするだけで簡単に会議に参加できる。

料金はMeeting Roomを1つ開設できるライセンスが2000円／月である。レガシーなテレビ会議システムで同時に300拠点が使えるMCUの費用は天文学的なものになるが、それに対してクラウド型の安さが際立っている。参加する側にはライセンスが不要なので、無料で会議に参加できる。

拠点側の端末として、図中の支社のように広い会議室ではPCに大型ディスプレイを3台まで接続して利用できる。制御にはZoom Roomsというi Padベースのコントローラーを使用する。Zoom Roomsはオプションとなっており、Meeting Roomとは別に月額約1万円の料金が必要だ。なお、中小拠点やテレワークのようにPCやタブレットを単独で利用する場合、Zoom Roomsは不要だ。

図3-1-2 クラウド型テレビ会議サービス

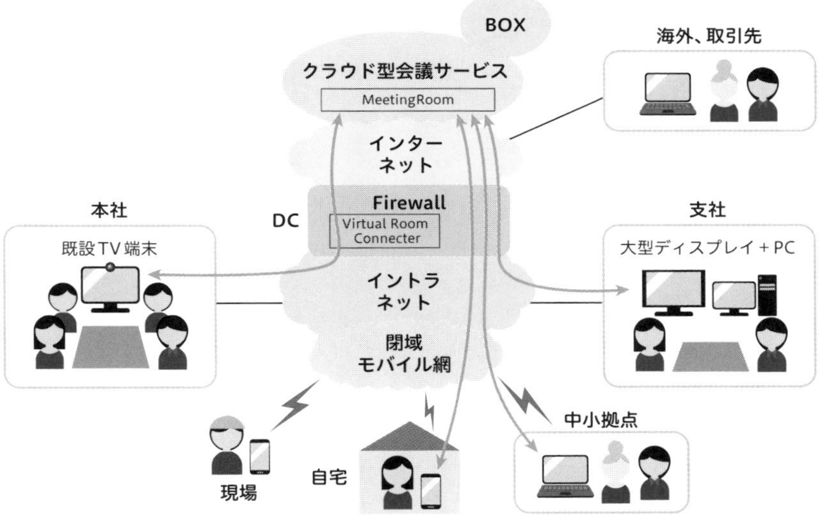

本社にある既設のレガシーなテレビ会議端末は、Virtual Room Connecter (H.323/SIPコネクター) を使って接続できる。

このようにクラウド型テレビ会議サービスは専用端末が不要でPC、タブレット、スマートフォンでも会議に参加できるため、中小のオフィスや在宅勤務だけでなく、工事現場の作業者とつないで相談や支援に利用できる。レガシーなテレビ会議システムより格段に利用シーンが増えたのだ。

レガシーなテレビ会議システムでは会議の録画にはそのためのサー

バが必要だったが、ZoomはMeeting Roomの料金に録画（クラウド上またはローカルPC）機能が含まれている。録画以外にも表3-1-1のように豊富な機能がある。

表3-1-1 Zoomの機能

カテゴリ	機能	内容
ミーティング（会議）	双方向ビデオミーティング	1ミーティング最大1000名まで参加。
	録画（ローカル／クラウド）	開催者画面、参加者画像の録画／会話の録音。
	資料共有	資料、ビデオクリップ、音声などどんなコンテンツも共有。共有した画面への書き込みおよび保存（開催者のみ）。
	同時画面共有	デスクトップ画面を参加者全員で共有。
	ホワイトボード	ホワイトボードの作成、参加者全員で共有。
	Breakout Room	大人数のミーティングを、少数グループへ分割。
	VoIPコールイン	電話による音声のみでミーティングへ参加（固定電話も可）。
IM	IM/プレゼンス	在席状態の確認およびチャットによるやり取り。
Zoom Rooms*	会議室機能	コントローラ（iPad）で会議室制御（3画面・カメラ操作）。
連絡先	ホスト一覧	ホストを一覧にして表示して、会議へ招待。
ビデオウェビナー*	ウェビナー	ウェブによるセミナー（双方向参加:最大100名、視聴のみ:最大1万名）。
H.323/SIPコネクタ*	ＴＶ会議機器との接続	ＴＶ会議機器との接続用GW機能。
管理機能	Dashboard機能	ミーティング開催数や時間の閲覧、ユーザーの管理　など。
	会議通信状態ログ機能	会議中の通信におけるパケットロスなどのログを閲覧。

＊はオプション

本節ではZoomを紹介したが、2020年6月現在、ウィズコロナ、アフターコロナの働き方改革が進む中でクラウド型テレビ会議サービスの利用は大きく広がり、選択できるサービスも増えている。企業で使われている代表的なサービスはZoom、シスコシステムズ社のWebex、Microsoft社のTeamsである。

Zoomの特徴は使いやすさと通信の安定にある。会議のURLを参加者にメールで送ると、相手はそれをクリックするだけで簡単に会議に参加できる。通信が安定していて画像の動きがなめらかなのは消費する帯域幅が少ないことによる。モバイル通信でも問題なく利用できる。コロナ対策でZoomの利用が一気に増えた時、セキュリティの弱さが指摘されたことがあるが現在は改善されている。

Webexは歴史のあるサービスでユーザーが多い。URLさえ送れば参加できる点はZoomと同様である。

Teamsの強みはMicrosoftのサービスなのでExcelやPowerPointの共同編集などOffice製品との連携ができることだ。社内でTeamsを使う場合、全員がMicrosoft 365のアカウントを持っていなければならず、会議に参加するにはMicrosoft 365にログインしていなければならない。Zoomほど手軽ではない上に、Microsoft 365の費用がかかる。

自社のビジネススタイルやパソコン環境（Microsoftとの距離感）を考慮し、適切なサービスを選択したいものだ。

「クラウド接続サービス」で企業ネットのボトルネックを解消しよう

クラウドに関する企業ネットワークの課題には「構成」に関するものと、「トラフィックの制御」に関わるものがある。新しいクラウドを接続する都度、企業側で回線やネットワーク機器の追加、セキュリティ対策などが必要になり、手間と時間がかかる。

構成上の課題は2つあり、1つは新しいクラウドとの接続を柔軟かつ効率的に行うこと、もう1つは既存の複数の接続を統合して効率化することである。

トラフィックの制御の課題は、クラウド化の進展によって、企業ネットワークのトラフィックが発生する場所が変わったことに起因する。クラウド以前には発生源が企業ネットワークの内部にあった。基幹システムのサーバやグループウェア（メールを含む）のサーバが代表である。これらがクラウドに移動することで、トラフィックの大きな発生源が企業ネットワークの外部に移った。

クラウドとの接続部分にトラフィックが集中するため、クラウドごとに適切な帯域幅を割り当てたり、あるクラウドのトラフィックが他のクラウドに影響しないよう通信経路を分けたりする必要がある。

このような構成管理やトラフィック制御を容易にするのが「クラウド接続サービス」だ。以下では筆者が業務上扱った経験のあるサービスを中心に、具体例を紹介していく。1つの参考としてほしい。

キャリアのクラウド接続サービスは中小規模のユーザーに向く

クラウド接続サービスは大きくキャリアが提供するものと、データセンター事業者が提供するものに分かれる。

キャリアは回線サービスのオプションとしてサービスを提供しており、メリットが大きく3つある。まずは回線サービスの基盤であるキャリア網がクラウドと閉域網で直結されるため、ユーザー側で接続用回線やネットワーク機器が不要なことだ。次にクラウド接続の追加や接続帯域幅の変更が柔軟にできること、最後にセキュリティレベルが高いことだ。

キャリアが提供するサービスでは、このようにキャリア自体がいろいろと面倒を見る。そのため、1つのキャリアの回線のみでイントラネットを構成している中小規模のユーザーには使いやすい。半面、複数のキャリアの回線を利用している規模の大きなユーザーの要望はかなえにくい。

データセンター事業者が提供するサービスのメリット、デメリットはキャリアのサービスとは逆になる。規模が比較的大きく、複数キャリアで冗長化したい、さらに既存の複数のクラウド接続をきれいに1つにまとめたいというユーザーに向く。半面、1つのキャリアの回線のみでイントラネットを構成している規模の小さなユーザーにとっては、オーバースペックになる。

一例として、3大キャリアの中で接続できるクラウドの数が多い、NTTコミュニケーションズの「Multi-Cloud Connect」(以下、MCC)とソフトバンクの「ダイレクトアクセス」の仕組みを見てみよう。

MCC

MCCはVPNサービスである「Arcstar Universal One (L3)」のオプションサービスで、VPNからクラウドに直結できる(図3-2-1)。

接続できるクラウドは同社のEnterprise Cloudのほか、AWS、Box、cybozu.com、Microsoft Azure、Microsoft Dynamics 365、Microsoft 365、Oracle Cloud、Salesforceなどである。

図3-2-1 NTTコミュニケーションズのMulti-Cloud Connect（MCC）の仕組み

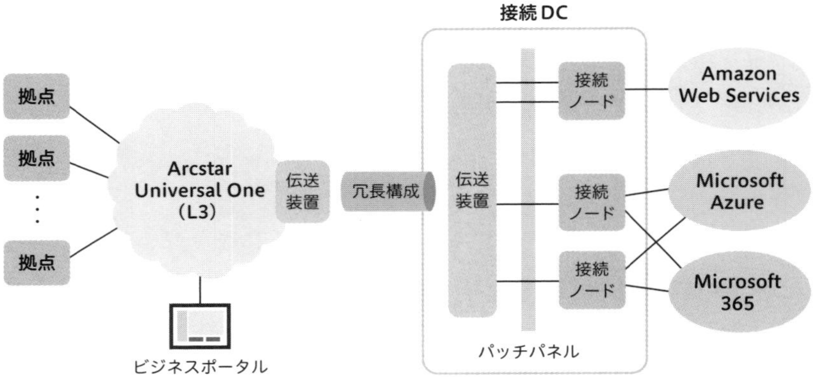

AWSの接続メニューにはベストエフォートアクセスとギャランティアクセス（ギャランティ）があり、ギャランティの帯域幅は50M～500Mbpsである。ユーザーコンソールであるビジネスポータルからオンデマンドで申し込んだ場合、約2時間で開通できる。ただし、ギャランティサービスでは帯域幅の変更ができない。廃止／新設で対応しなければならない。

Azureの接続はギャランティのみで、帯域幅は50M～1Gbpsだ。新設、変更とも書面による申し込みのみであり、新規開通には約10営業日を要する。

Microsoft 365の接続もギャランティで50M～1Gbpsである。接続にはMicrosoftの専用線接続であるExpressRouteを使用する。ExpressRouteはユーザーごとにMicrosoftからの承認が必要だが、承認を得るのが難しくなっており、多くの場合インターネット接続が使われている。インターネット接続はMCCの対象にならない。

NTTコミュニケーションズはMCCに加えて、新しいマルチクラウド接続サービス「Flexible InterConnect」(FIT) を2019年9月から提供開始した。FITはユーザーコンソールで新しいコネクションの設定や帯域幅の変更を即時にできる。FITについては、3-7を参照いただきたい。

ダイレクトアクセス

ソフトバンクのダイレクトアクセスは同社のVPNサービスである「SmartVPN」「ULTINA」のオプションサービスだ (図3-2-2)。接続できるクラウドはAlibaba Cloud、AWS、Azure、Google Cloud Platform (GCP)、IBM Cloud、Microsoft 365 (ExpressRoute経由)、PrimeDrive (ソフトバンクのオンラインストレージ) などである。

AWSの接続は帯域保証型のみで帯域幅は10M～1Gbpsだ。申し込みから開通まで約3週間を要する。帯域幅はユーザーコンソールであるSmartVPN Webを使って即時変更できる。

Azureの接続も帯域保証型のみで10M～1Gbpsである。ユーザーによる帯域幅の即時変更も可能で、開通に要する日数は約3週間だ。

図3-2-2 ソフトバンクのダイレクトアクセスの仕組み

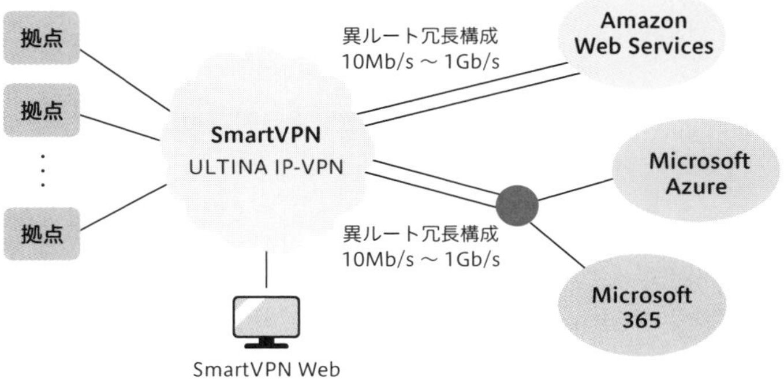

データセンター事業者のサービスは複数キャリア利用時に役立つ

データセンター事業者のサービス例としては、数多くのクラウドが接続でき、技術的にも有用な仕組みを備えたEQUINIX（エクイニクス）を見てみよう。同社は単純なデータセンター事業ではなく、International Business Exchange (IBX) データセンターと呼ぶ相互接続を目的としたデータセンター事業を世界52都市、200拠点以上で提供している。相互接続の対象はネットワーク、クラウドサービス、金融サービスなど多様だ。

クラウド接続を担っているのが「Equinix Cloud Exchange Fabric」(ECX Fabric) である。日本では東京拠点と大阪拠点で利用できる。接続できるクラウドは17種類あり、その中にはAlibaba Cloud、AWS、Azure、Fujitsu Cloud Service、GCP、IBM Cloud、SAP Cloud Platform、VMware vSphereなどが含まれる。

実はキャリアのクラウド接続サービスでもECX Fabricが使われている。キャリアのサービスとの違いはこうだ。キャリアのサービスを使う場合、企業は1種類のキャリアしか使えない。一方、ECX Fabricならマルチキャリアで使うことができる。さらにユーザーがトラフィック制御やセキュリティなどの付加価値を加えることができる。

図3-2-3がECX Fabricの仕組みである。企業ネットワークはEQUINIXのデータセンターのラックを1拠点として接続する。イントラネットを2つのキャリアで冗長化している場合は図3-2-3のようにそれぞれのキャリアの回線を引き込む。

ラック内にはルータ、スイッチ、ファイアウォールなどを必要に応じて設置する。ラック内のLANとECX Fabricの物理的な接続は1Gbpsまたは10Gbpsのイーサネットを使う。複数本を契約して冗長構成を採ることもできる。インターネットを介さず、閉域網であるイントラネットを直接閉域サービスであるECX Fabricに接続するので高いセキュリティを確保できる。

図3-2-3 EQUINIX Cloud Exchange Fabricの仕組み

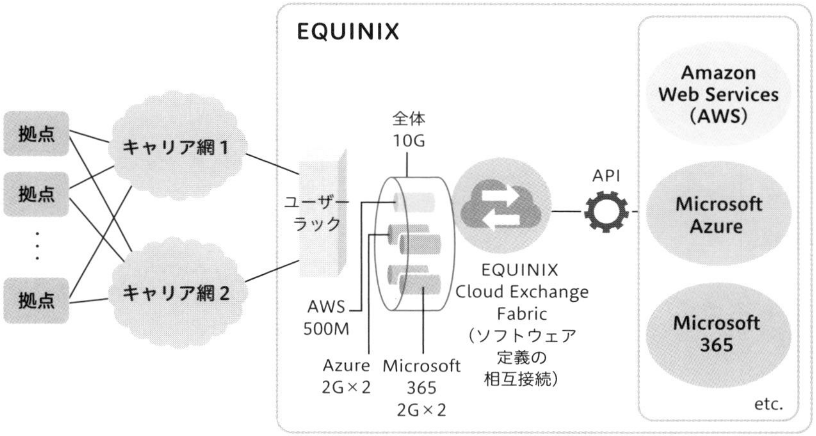

ECX Fabricでは企業ネットワークの回線を新規に開通するため、利用開始には1カ月程度を要する。しかし、利用開始後はクラウド接続や各クラウドへの帯域幅の割り当てと変更がユーザーコンソールで即時に可能になる。図3-2-3では10Gbpsの物理リンクの上で、AWS、Azure、Microsoft 365へそれぞれ帯域幅を割り当てている。

ユーザーがECX Fabricが備えていない機能を追加することも容易である。図3-2-4の事例では、Microsoft 365のExpressRouteの承認が得られなかったため、インターネットで接続している。ユーザーラック内のLANがクラウド接続のポイントになっており、AWSとAzureはECX Fabricで、Microsoft 365はインターネット経由で接続している。

図3-2-4 EQUINIX Cloud Exchangeの応用

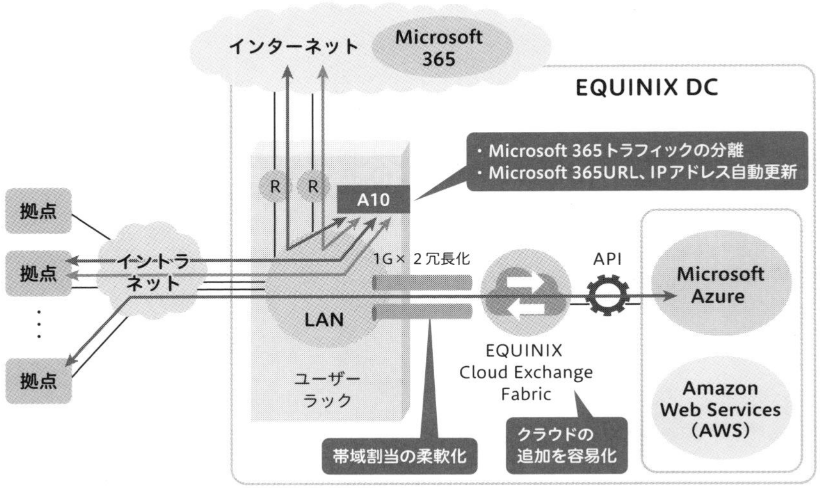

ユーザーラック内にA10ネットワークスのロードバランサー（LB）を設置して、Microsoft 365のトラフィックを分離、URLとアドレスの自動更新を実行している。

広く知られているようにMicrosoft 365は多くの帯域を消費し、1ユーザー当たり数10本と使用するセッション数も多い。そのため、Microsoft 365とそれ以外のインターネットのトラフィックを1つの通信路で使っていると、Microsoft 365以外の業務に影響が出やすい。これを防ぐため、LBがMicrosoft 365のトラフィックをそれ以外のインターネットのトラフィックと分離している。Microsoft 365で使用するURLやアドレスはかなり頻繁に変わるものの、ユーザーが意識しなくてもLBが自動更新する。

こうした点から、Microsoft 365は企業ネットワークに接続する上で課題があるのも事実だが、その解決にフォーカスしたソリューションも複数存在している。

AWSへ「電話システム」を移行するメリットはあるか?

アマゾンウェブサービスジャパンは2018年12月、Amazon Web Services (AWS) 上のクラウドコールセンターサービス「Amazon Connect」を東京リージョンで提供開始した。同サービスはユーザー企業にとってどのようなメリットがあるのだろうか。

企業の電話システムには内線電話を主体としたものと、コンタクトセンターがある。コンタクトセンターは顧客からの電話の規模「コール数」の増減が著しいため、Amazon Connectにメリットがありそうだ。

内線電話をつかさどるPBX (Private Branch eXchanger) 機能もVoIP (Voice over IP) サーバをAWS上に置くだけで移行できる。Amazon ConnectとVoIPサーバの2とおりの電話システムでメリットが得られるか見てみよう。

Amazon Connectのメリットとは?

Amazon Connectの構成は図3-3-1のとおりである。Amazon Connectの大きな特長は、コンタクトセンターの構築がわずか数分で完了してしまうことだ。電話回線を引く必要はなく、使いたい電話番号を選択するだけでよい。オペレーターのために特別な席を用意しなくても、PCにソフトフォンのアプリをインストールして、インターネットでAmazon Connectにつなげればよい。オペレーターが1カ所に集まっている必要はなく、在宅勤務も可能だ。

図3-3-1 Amazon Connectの構成

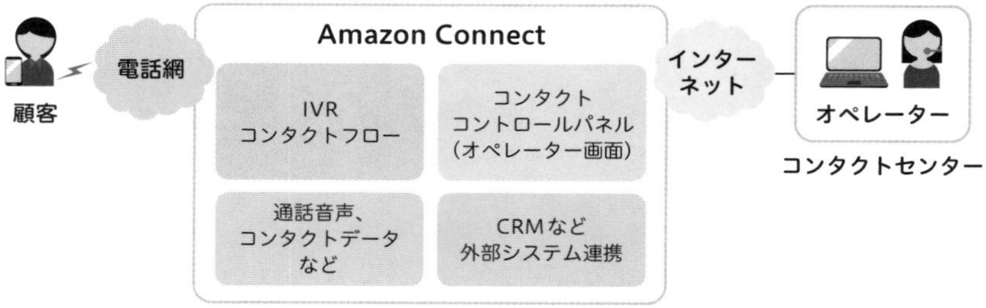

IVR（Interactive Voice Response）：
顧客からの入電に対して自動応答し、架電理由に
応じた番号で対応オペレータを振り分ける機能

IVR（Interactive Voice Response）のフローの設定もコーディング不要で、ドラッグ&ドロップで定義できる。オンプレミスのコンタクトセンターではピークのコール数をさばけるように電話回線やオペレーターの席数を固定的に設けておく必要がある。

だが、Amazon Connectでは回線数を意識する必要がなく、必要なときだけオペレーターのPCを増やせばよい。拡張時のダウンタイムもない。CRM（Customer Relationship Management）をはじめ外部のシステムと連携しやすいことも特長だ。イニシャル投資が不要でランニングコストは使った分だけの利用料で済む。

よいことずくめのようだが心配な点もある。オペレーターのPCはインターネットで接続する。音声を高品質に保つには遅延が少なく、パケットロスのないことが重要だが、インターネットにこれらを保証する仕組みはない。オペレーター側のインターネット接続回線の帯域幅は無限ではないので、オペレーターを増やしても帯域幅が不足すればたちまち音切れなどの音質劣化につながる。

コンタクトセンターの生産性を上げる上ではオペレーターをサポートする機能が重要だ。そのため、大規模なコンタクトセンターでは問い合わせに対する応答をAIで支援したり、応対メモの作成を助けたりする機能が設けられている。Amazon Connectのオペレーター画面はシンプルであり、大規模ユーザーに求められる機能を作り込めるのか、という疑問が残る。

筆者の調べでは2019年3月現在、日本国内でAmazon Connectを大企業が実用化した事例は見つからなかった。ただし、PoC（Proof of Concept：概念実証）の事例は散見された。

AWS上のVoIPサーバでPBXレスを実現

企業が音声コミュニケーションをAWS上のサーバで実現することだけを目的に契約するのは非現実的だ。AWSの閉域接続などに固定費がかかるからだ。しかし、AWSが本来得意とするコンピュータシステムで導入済みの企業が、ついでにAWS上で音声コミュニケーションシステムを構築するなら、経済的で効果的な電話システムを構築できる。

図3-3-2がその構成例だ。イントラネットは固定通信網と閉域モバイル網で構成し、クラウド接続事業者のサイトにラックを建てる。ここにイントラネットの回線と電話回線を引き込む。イントラネットの回線はすでにシステムを利用するために引いてあるものを使う。閉域モバイル網はモバイル回線だけでなく、トラフィックの集中するところは固定回線が使える。図3-3-2のラックに引いているのは固定回線である。

図3-3-2 AWS上のVoIPサーバによる音声コミュニケーションシステムの構成例

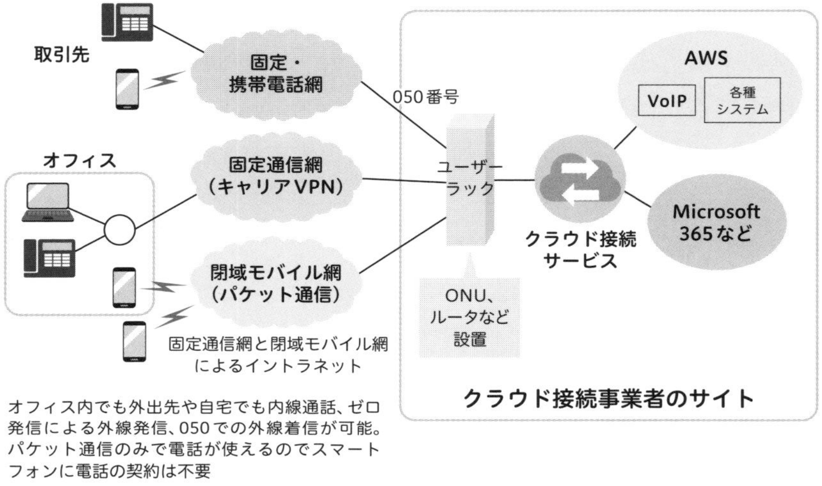

VoIPサーバとしてはオープンソースソフトウェアの「Asterisk」が使える。AsteriskはオンプレミスのPBXとして自治体などで実績がある。

AsteriskはSIP（Session Initiation Protocol）というプロトコルで社内のスマホや固定IP電話機の電話番号とIPアドレスを保持しており、端末で相手の番号がダイヤルされると接続メッセージがAsteriskに送信され、Asteriskはそれを着信先の端末に転送することで通話を設定する。外線電話の場合はゲートウェイを通じて電話網へ接続要求が送信される。

Asteriskは呼制御のメッセージを扱うだけで、音声パケットは端末の間で直接やりとりできるため、AWSのデータ転送料はごく少なくて済む。

AWS上にVoIPサーバを置くことでオンプレミスと比較して信頼性が向上し、運用コストの節減も期待できる。端末数が増大してもキャパシティーの不足を心配する必要がない。

AWSのメリットではないが、SIMロックフリーのスマートフォンに入れるSIMはパケット通信用だけでよいので、パケットのほかに電話の契約が必要なキャリアのスマートフォンを使うより大幅に電話料金を節約できる。ただし、外線から直接スマートフォンに着信させたい場合は050番号をスマートフォンに付与する必要がある。これは月額500円程度である。固定IP電話機も同様だ。

今回はAWSに電話システムを移行するメリットを概観した。Amazon Connectを大規模なコンタクトセンターに適用してメリットがあるかどうかは検証の段階であり、メリットがあると断定はできない。しかし、業務量の変化が大きいコンタクトセンターでクラウドの柔軟性が発揮できると企業にとっては朗報である。近々にそのメリットが証明されることを期待したい。

すでにAWSを使っている企業がPBXレスをするためにVoIPサーバをAWS上に構築すると、メリットがある可能性が高い。閉域モバイル網、スマートフォン内線と併せて導入を検討してはいかがだろう。

3-4 Chapter 3
クラウドとコミュニケーションサービス

「内線電話」は止めよう

スマートフォンを使った内線電話が2014～2015年に話題になった。しかし、使ってみると音質が良くない。スマホ内線を導入するのに、いちいちユーザーごとに実証実験をしているような状況だった。

「インターネットなんて使うから音質が悪くなるんじゃないか。キャリアのモバイル網はもともとインターネットとは独立しているのだから、そのまま閉域モバイル網として使えば仕組みも簡単だし、音質も良くなるはずだ」と考えて、筆者が思い付いたのが「閉域モバイル・スマホ内線」だ。

閉域モバイル・スマホ内線の特許

このアイデアを思い付いたのは2015年3月だった。同4月にはある企業に提案して受注、同6月には一部の拠点で稼働させ、同12月には全拠点への導入が完了した。提案から稼働までわずか2カ月しかかからなかったのは、閉域モバイル・スマホ内線が単なる設計のアイデアであり、ソフトウェアやハードウェアの新規開発が不要だったからだ。

2015年4月の提案と同時に特許も出願しておいた。自分で出願書類を書くのではなく、勤め先で定められている「アイデアシート」にアイデアの説明を書く。それが審査されて特許出願の価値があると認められると、弁理士にアイデアシートの内容を説明し、出願手続きを進めてもらう。

アイデアシートにまず書いたのは、従来の課題とその解決だ。

図3-4-1 従来の課題とその解決を記したアイデアシート

【従来の課題とその解決】

・IP電話はインターネットを経由していたため、遅延やパケット損失が大きく、良い音質を出すのが困難であった。

→本方式では閉域網であるため、通信品質の向上が容易。

・スマートフォンを端末とする場合、グローバルアドレスやキャリアNATが使用されるが、SIP（IP電話接続用のプロトコル）を使うためには特殊なNATが必要で、技術的、コスト的ネックであった。

→本方式ではスマートフォン、SIPサーバとも企業のプライベートIPアドレスが使用できるため、NATが不要。

アイデアシートの内容を図解したのが図3-4-2と図3-4-3だ。

図3-4-2 インターネット利用のスマホ内線（IP電話）

従来のIP電話方式

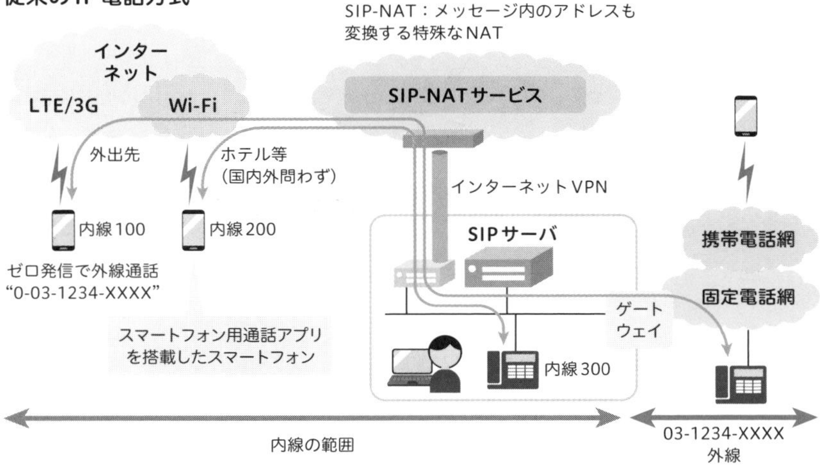

インターネットを使うスマホ内線はパケットの遅延や損失で音質が悪くなるだけでなく、メッセージ内のアドレスも変換する特殊なNATである「SIP-NAT」が必要なため、設備や運用に費用がかかるという欠点がある。

閉域モバイル・スマホ内線は閉域モバイル網がイントラネットの一部になり、スマートフォンにも社内のPCやサーバと同じプライベートIPアドレスを付与できるためNATの必要がない。インターネットを使わないので遅延やパケットの損失も少なく音質を保ちやすい。

登録された特許の内容は、「通信処理システム、通信処理方法、通信処理プログラム、携帯端末装置およびその制御方法と制御プログラム」（特許公報）だ。

図3-4-3 閉域モバイル・スマホ内線

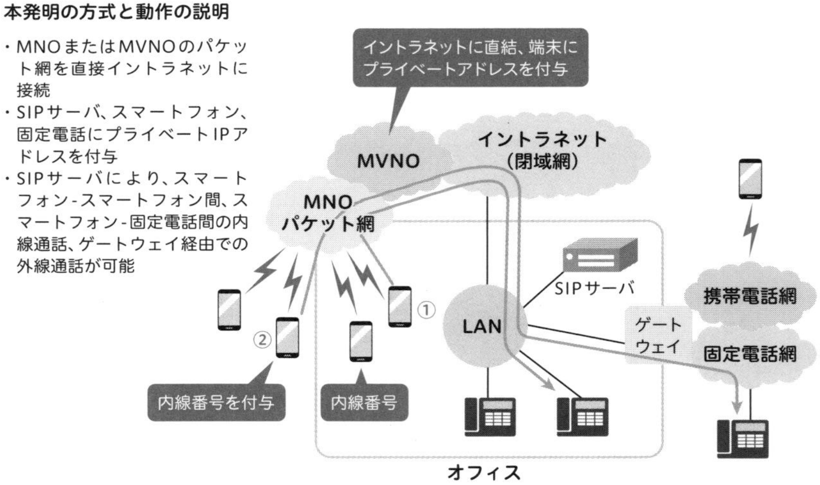

この特許を筆者が毎週月曜日に社内の人に送っているメルマガで紹介したところ、面白いフィードバックがあった。電話の商談で競合している他社が閉域モバイル・スマホ内線を提案しているというのだ。

その会社はしっかりサービスメニューにしているらしい。競合にまねされるのは困ったことだが、閉域モバイル・スマホ内線のメリットを他社が認め、それを広げているのは「ネットワークの進化」に多少なりとも役立ったということだろう。

脱・内線電話しよう

とは言うものの閉域モバイル・スマホ内線は数年前のアイデアだ。すでに「内線電話」という概念自体が時代遅れである。

そもそも内線電話には2つの目的があった。1つは、拠点に引き込まれている限られた本数の電話回線を構内の多数の電話機で効率的に使うこと。構内電話交換機（PBX）に電話回線を収容し、多数の電話機を接続する。もう1つは、構内の電話を短い内線番号で済ませられることだ。

IP電話とスマートフォンの時代になってこのような目的はほとんど意味がなくなった。物理的に複数の電話回線を引く必要はなく、1本の回線に数百の電話番号を割り当てることが可能になった。電話はIPルーティングで接続するものであり、構内電話交換機は不要になった。外部の回線を収容する装置のほか、電話番号とIPアドレスを対応付けるサーバがあればよい。電話機がどれほど多くてもサーバはイーサネット1本でネットワークに接続すればよく、構内電話交換機のように電話機の台数分のポートを持つ必要がない。

ダイヤルという動作自体がまれになり、スマートフォンの電話帳や履歴をタップするだけなので電話番号の長い短いは操作性に関係なくなった。

一方、コミュニケーションサービスで最近めざましく進歩したのがビデオ会議だ。筆者はZoom Video Communicationsの「Zoom」を愛用している。PC、スマートフォン、タブレットと端末を選ばず、簡単なユーザーインタフェースで高音質のビデオ会議や音声会議ができる。かつてはiPhoneのスピーカーモードで電話会議をよく開いていた。しかし、音質が悪く、長い打ち合わせではストレスになる。Zoomはコーデックやエコーキャンセラーの性能が良く、帯域幅の限られるモバイル回線でも十分な音質が得られる。

Zoomの画面にはマイクとカメラのアイコンが表示されており、マイクとカメラの両方を生かしてビデオ会議もできれば、マイクだけで音声会議もできる。1対1の音声会議は電話である。そう、「電話はビデオ会議サービスの一部」なのだ。ビデオ会議サービスがコミュニケーションサービス全体であり、必要に応じて多対多のビデオ会議や音声会議、1対1の電話、チャットが使えるようになるのが理想である。

このような脱・内線電話で実現するコミュニケーションサービスを「スマートコミュニケーション」と呼ぶとすると、図3-4-4のようなイメージになる。

図3-4-4 「脱・内線電話」で実現するスマートコミュニケーション

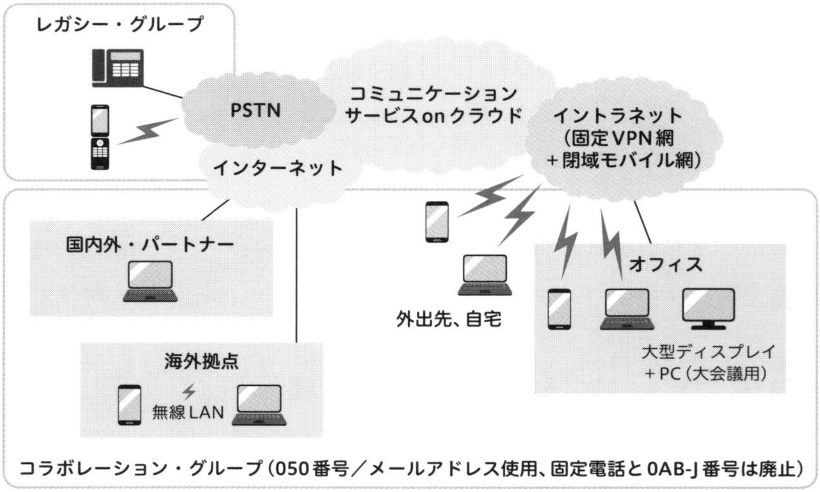

社内だけでなく国内外のパートナーまで含めて、効率的で効果的なコミュニケーションを実現するのがコラボレーション・グループ、電話しか使えない社外の通信相手がレガシー・グループである。

コラボレーション・グループの端末で社外からの電話の着信が必要なものにはIP電話用の電話番号である050番号を付与する。050番号は通信事業者から必要数購入する。通信事業者からコミュニケーションサービスクラウドに回線を引き込み、その回線で050番号を付与した端末に外部からの電話が着信する。外部への発信もこの回線を使う。

050番号はスマートフォンに付与することが多いだろう。そのスマートフォンには090や080といった携帯電話の番号はいらない。050はIP電話なのでパケット通信さえ使えればよい。

050番号は海外拠点でも使える。社内外にかかわらず、日本国内の端末と電話の発着信ができる。注意が必要なのは海外拠点から同じ国の電話に発信するときだ。050番号を提供している日本の通信事業者経由で海外の電話につながるので国際電話になってしまう。海外で050番号を使うときは国際電話を禁止にしておくのが安全だ。

外部からの電話着信がないPCなどはメールアドレスをエイリアスとして使う。テレビ会議や電話会議の相手をメールアドレスで指定するのだ。

スマートコミュニケーションに加えて、Slackのようなプロジェクト支援サービスを併用すると効果的な情報共有や進捗（しんちょく）管理ができ一層の生産性向上を図ることができる。

内線番号を止め、構内電話交換機を捨て、固定電話機をなくして大胆なコミュニケーションの革新を進めたいものだ。

3-5 Chapter 3 クラウドとコミュニケーションサービス

高価なPBXを止めた後は「FMC」か、それとも「スマートコミュニケーション」か

先日、ある企業でネットワーク設備の打ち合せをしていてなつかしい言葉を久しぶりに聞いた。「FMC」である。聞けばPBXの更改を検討しているのだが、PBXがあまりに高いのでFMCを使ってダウンサイジングをしたいのだという。はたしてこれは正しい選択なのだろうか？

FMC（Fixed Mobile Convergence）は固定電話と携帯電話の間で内線番号を使った通話を可能にするサービスだ。約10年前に携帯通信事業者が始めた。メリットは固定電話と携帯電話間で内線電話が使える利便性と、携帯端末の月額料金が定額であるため、固定／携帯間の通話が多い場合に、コスト削減効果が得られることだ。

だが、これからは携帯電話会社視点の発想から脱して、企業の視点でより利便性が高く、低コストのコミュニケーションを目指すべきだ。

第1世代のFMC

FMCには第1世代と第2世代がある。図3-5-1に第1世代のFMCを示す。企業の電話機は固定電話の数が多く、携帯電話機（フィーチャーフォン）は少ない。大型PBX（Private Branch eXchanger：構内交換機）とFMCの間を専用回線で接続し、携帯電話には090／

080番号のほかに内線番号を付与する。

図3-5-1 第1世代のFMC（2009年頃）：大型PBX＋フィーチャーフォン

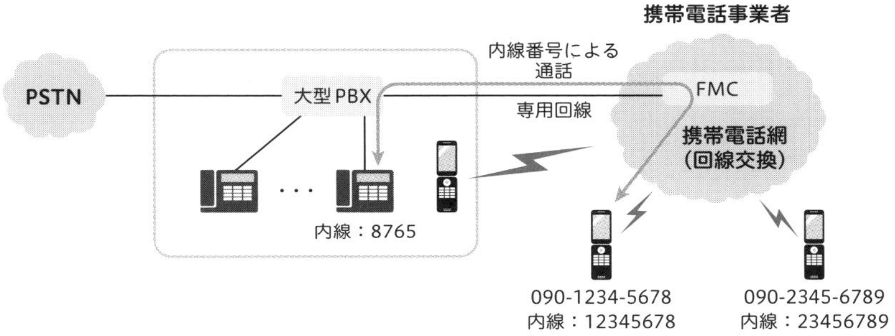

外出中の営業マンは携帯電話で内線識別番号（内線通話であることを示す番号で“8”などの1桁の数字）と相手の内線番号（固定電話あるいは携帯電話）をダイヤルして内線通話ができる。逆に固定電話から携帯電話に対しても内線通話が可能だ。

FMCの料金は携帯端末1台当たり月額1000円程度の定額であるため、営業マンのように社内の固定電話との通話が多い場合は経済効果が得られる。内線電話の利便性（少ない桁数でダイヤルできる）もある。

第2世代のFMCとPBXダウンサイジング

第2世代のFMCは企業へのスマートフォンの導入とともに広まった。固定電話機を大幅に減らしスマートフォンを主体に使う。収容する電話機数が少なくなるとPBXを小型化でき、コストも安くなる。たとえば300台、1000台といった台数を収容できる中容量、大容量のPBXと、いわゆるボタン電話と呼ばれる100台未満の収容能力を備えたPBXとでは数倍のコスト差がある。

図3-5-2のようにFMC側に収容するスマートフォンを多く、PBXに収容する固定電話をごく少なくすればPBXのコストは数分の1になる。これがFMCによるPBXダウンサイジングの狙いだ。PBXにつながっている固定電話機はPBX本体を更改しても継続して利用でき、月額料金もかからない。だが、数を増やしたスマートフォンには月額料金がかかる。しかもFMC料金だけでなく通常のスマートフォンとしての基本料金なども必要だ。

図3-5-2 第2世代のFMC（2010年代前半〜）：小型PBX＋FMC＋スマートフォン（PBXのダウンサイジング）

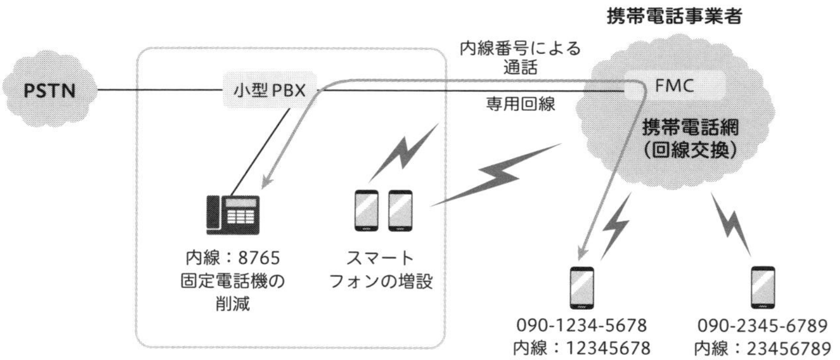

このため、大型PBXから大型PBXへ更改する場合と、大型PBXから「FMC＋スマートフォン＋小型PBX」に変える場合を比較すると、更改した時点では大型PBXの方が高くなるが、累積コストをみると2〜3年以内にFMCの方が高くなる可能性が高い。

PBXが高いからといってFMCでダウンサイジングしたとしても次の更改までに経済効果を得ることは難しいのだ。

これからは“スマートコミュニケーション”

ではこれからのFMCはどうあるべきなのだろうか？というよりも、FMCという言葉自体が時代遅れなのだ。なぜならあくまで「電話」に閉じた用語だからだ。10年前と現在を比較すると個人のコミュニケーション環境が格段の進歩を遂げているのに対して、企業の対応は立ち遅れている。

モバイルは3Gから4Gに変わって通信速度が1桁速くなり、MVNO（Mobile Virtual Network Operator：仮想移動体通信事業者）の台頭によって競争が進み、料金も安くなった。IPコミュニケーションの技術（コーデックなど）が進んだ結果、IP電話やテレビ電話の通話品質が格段に向上した。個人にとって通話料の高い回線交換型の携帯電話に代えて、パケット通信のLINE電話やテレビ電話を使うことがあたりまえになっている。

企業が技術進歩を生かしきれていないのは電話中心の古い文化が染み付いているせいかもしれない。今こそ、新しい発想でコミュニケーション環境を一新するときなのだ。

固定電話と携帯電話の区別も、スマートフォンとPCの区別もなく電話やビデオ会議を快適に使える環境を「スマートコミュニケーション」と呼ぶとすると、その構成例が図3-5-3である。

図3-5-3 これからのスマートコミュニケーション：クラウドコミュニケーションサービス＋閉域モバイル網＋パケット専用スマートフォン

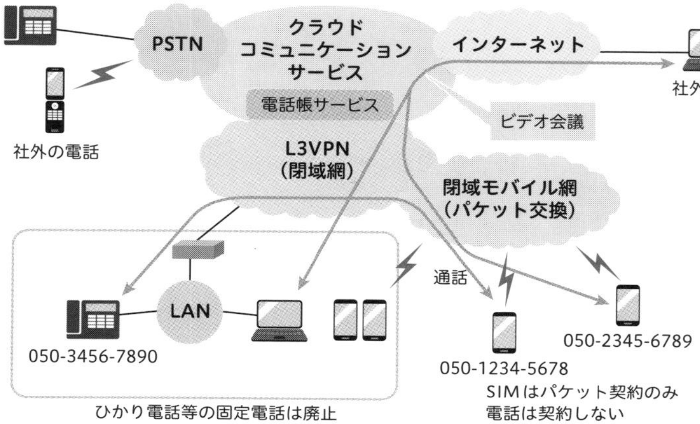

PSTN：Public Switched Telephone Networks（公衆電話網）

図3-5-3のような構成の目的は3つある。

①経済性の向上

- 固定電話回線（ひかり電話やISDN）を廃し、電話はイントラネットのデータ回線に統合。これにより固定電話回線の基本料が不要になる
- 電話番号は050番号に統一。社内通話を無料にするとともに、社外への通話料も低減できる
- スマートフォンの電話契約は廃止。パケットのみの契約とし基本料を低減できる

②利便性の向上

- 電話帳サービスでダイヤル操作から解放される
- 端末の種別を問わず容易に利用できるビデオ／音声会議サービスが実現する

・テレワークでも社内と同じコミュニケーションサービスが利用可能になる

③安全性の向上

・災害時でも通信規制を受けにくい閉域モバイル網（パケット通信）で災害時のコミュニケーションを確保できる

次に、図3-5-3に挙げた構成要素を説明する。

クラウドコミュニケーションサービス

これは1つのサービスで実現する必要はない。現実的には050番号をサポートしているクラウドPBXサービスとたとえばZoom Video Communicationsの「Zoom」のようなビデオ会議サービスを組み合わせるのがよいだろう。

クラウドPBXはサポートしているスマートフォンの機種が豊富なサービスを選ぶとよい。050番号を使うにはスマートフォンに通話アプリ（ソフトフォン）が必要だ。クラウドPBXが持っている通話アプリが多くのスマートフォンで検証されているものが望ましいという意味だ。

L3VPNと閉域モバイル網

これらは単一の通信事業者から一体的に提供されるWANサービスがよい。別々のキャリアから調達すると両者を接続する場所をユーザーが設ける必要があるからだ。それでは通信の効率が悪いだけでなく、費用も多くなる。単一キャリアの場合、L3VPNと閉域モバイル網はキャリア内部で接続されるので、ユーザーは接続部分を気にせず、一体的な「イントラネット」と見なすことができる。

閉域モバイル網の重要な要件は「端末にプライベートIPアドレスを

自由に付与できること」「SIMロックフリーの端末を自由に使えること」「パケットシェアができること」の3点だ。

閉域モバイル網サービスの中にはユーザーが端末にIPアドレスを自由に付与できず、通信事業者が『このアドレスを使うように』とIPアドレスを渡すものがある。渡されたアドレスがユーザーの使用済みアドレスと重複することもあり、利用する上で大きな制約になる。閉域モバイル網に接続する端末に、ユーザーが管理する体系で自由にIPアドレスを付与できることが肝要だ。

閉域モバイル網の中にはそのキャリアが売った端末しか接続できないものがある。ユーザーが端末を選べないのだ。言語道断である。

パケットシェアは複数の端末で契約パケット量をシェアする機能だ。たとえば契約パケットが端末1台当たり3GB／月で100端末使っていたとすると、個別の端末が3GBをオーバーしても、全体で3GB×100＝300GBを超えなければ端末の速度制限が生じない。

経験的にビジネス用途のスマートフォンは平均3GB／月に達しないことが多い。パケットシェア機能があれば、一部に10GB、20GB利用するユーザーがいたとしても全体で容量オーバーすることはまずない。ヘビーユーザーのために大容量の契約をしなくても、効率的に契約容量を使用できるのだ。

スマートフォンと固定IP電話機

これらはクラウドPBX事業者がサポートしている端末を使用する。通常、事業者のWebサイトで利用できる端末を公開している。

電話番号

電話番号は03、06などで始まる従来の電話番号（0AB-J番号）や内線番号を廃して、050番号に統一する。050番号はクラウドPBX事業者から調達する。

PBXの更改は企業のコミュニケーション環境を見直すよい機会だ。数十年も続いている古い電話の文化を捨て去り、新しい技術やサービスを生かしたスマートコミュニケーションを目指すべきである。

「Microsoft Teams＋FMC」でPCは電話を飲み込んでしまうのか？

2020年現在、携帯大手3社はMicrosoft TeamsとFMCを連携させたクラウド電話サービスに注力している。TeamsがあればPBXが不要になり、固定電話機がなくてもPCが電話機代わりになる。今後、PCは電話を飲み込んでしまうのだろうか？

Microsoftが電話サービスを始めたのは新しいことではない。2010年に始まった「Lync」、2015年の「Skype for Business」、2017年の「Microsoft Teams」へと続いてきた。これらとFMC（Fixed Mobile Convergence、固定電話携帯電話融合サービス）が連携するサービスは以前からある。

だが、2021年7月31日にSkype for Businessのサービスが終了することもあり、2018年から2019年にかけてKDDI、ソフトバンク、NTTドコモはTeamsと連携したクラウド電話サービスを開始した。

Microsoftと通信事業者の狙いは「脱PBX」（Private Branch eXchanger：構内交換機）にある。いわばPC業界が通信事業者と一緒になってPBX業界を飲み込んでしまうということだ。果たして事は簡単に進むのだろうか？

Teamsで進化したFMC

TeamsとFMCが連携したクラウド電話サービスの構成イメージは

図3-6-1のとおりだ。チャット、ビデオ会議、ファイル共有などのコミュニケーションサービスを提供するTeamsの電話基盤がPBXと同様の機能を持ち、電話の発着信やPBX機能を実現する。プロトコルとしてはIP電話の呼制御プロトコル、SIP (Session Initiation Protocol) を使っている。

図3-6-1 Microsoft Teams+FMCによるクラウド電話サービス

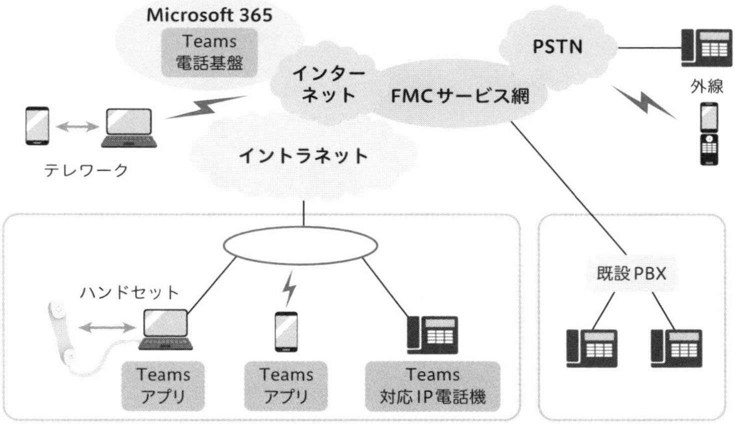

FMC：Fixed Mobile Convergence、IP：Internet Protocol、
PBX：Private Branch eXchanger、PSTN：Public Switched Telephone Network

図3-6-1の左側の拠点のようにPBXがなくても電話の環境を構築できる。Teamsに対応し、イーサネットに接続するIP電話機のラインアップも用意されている。さらにPCやタブレット、スマートフォンにTeamsアプリをインストールすればソフトフォンとして電話機代わりに利用できる。社外から内線番号や0AB-J番号 (03や06で始まる固定電話用の電話番号) を使って電話をかけることも可能だ。図の右側にあるように既存のPBXを接続し、内線相互通話もできる。

事業者によって異なるクラウド電話サービスの訴求点

同じようにTeamsを使ってクラウド電話サービスを提供していても、KDDI、ソフトバンク、NTTドコモが訴求するメリットには違いがあって面白い。

KDDIは働き方改革に役立つというごく普通のメリットのほか、「電話の運用を内製化」できる点を強調している。レイアウト変更が必要になったとき、PBX業者を手配する必要がなく、代表グループなどの電話機能の管理もユーザー企業側で完了することがメリットだとしている。ただし、このメリットには大いに疑問が残る。この点については後述する。

NTTドコモも自宅や出張先でPCやスマートフォンを使って社内にいるときと同じ電話番号を使った発着信ができることをメリットとして挙げている。特徴は「最終的には全面的なクラウド電話を目指すのだが、既存のPBXとの共存と緩やかな移行をサポートする」としていることだ。

ソフトバンクの主張は明快で既存のPBXとの併存など眼中になく、「PBXも電話回線の引き込みも、宅内工事も不要になる」ことを訴求している。特徴はPCやスマートフォンに固定電話用の0AB-J番号を付与できることだ。出張先でも使えるので、東京の社員が大阪から電話をかけると相手には03で始まる番号が発信元として表示される。

以前は固定電話用の電話番号である0AB-J番号には厳密な「地理的識別性」が求められていた。03や06などの市外局番は特定の区域に対応しており、固定電話はその区域内で使うことを求められたのだ。

しかし、2018年5月23日に公布された電気通信事業法の改正で地理的識別性の条件が緩和された。テレワークや在宅勤務といった働き方改革に対応するためだ。具体的には利用者の活動拠点が番号の示す区域内にあること、固定端末系伝送路設備の一端が利用者の活動の拠

紙面版 電脳会議 DENNOUKAIGI 一切無料

今が旬の情報を満載してお送りします!

『電脳会議』は、年6回の不定期刊行情報誌です。A4判・16頁オールカラーで、弊社発行の新刊・近刊書籍・雑誌を紹介しています。この『電脳会議』の特徴は、単なる本の紹介だけでなく、著者と編集者が協力し、その本の重点や狙いをわかりやすく説明していることです。現在200号に迫っている、出版界で評判の情報誌です。

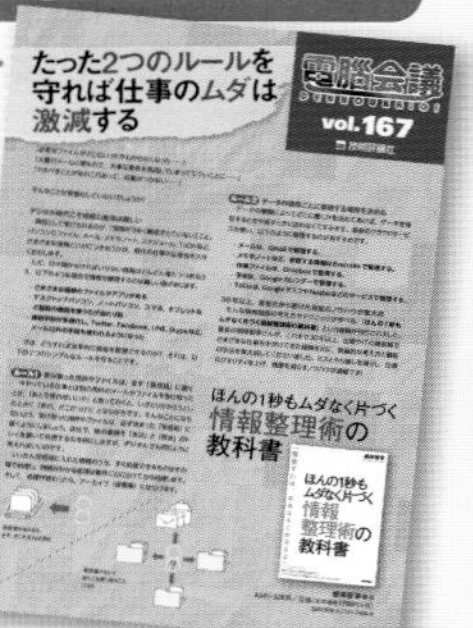

毎号、厳選ブックガイドもついてくる!!

『電脳会議』とは別に、1テーマごとにセレクトした優良図書を紹介するブックカタログ(A4判・4頁オールカラー)が2点同封されます。

点に設置されていること、などを満たせば0AB-J番号が使えるようになった。

たとえば、本社（活動拠点）が東京にあれば大阪（06エリア）に出張した社員がスマートフォンに割り当てられた03で始まる電話番号で発信し、相手にその番号を通知できる。

クラウドPBXのメリットは何か

PBX業界もMicrosoftの脱PBXの動きに対し、手をこまねいて見てはいない。クラウドPBXで対抗している。国内最大のPBXベンダーであるNECの子会社、NECネッツエスアイは2019年11月、三越伊勢丹グループでクラウドPBXを稼働させたことを発表した。電話機の台数は約2万台で、クラウドPBXとしては国内最大級である。図3-6-2にクラウドPBXの構成を示す。

三越伊勢丹グループでは、従来各店舗に設置していたPBXをクラウドに集中することで設備コスト、運用コストを削減できただけでなく、他のサービスとの連携が容易になった。

デパートで働く人の大多数はOfficeアプリを必要としない。電話が使えればよいのだ。そんな環境にTeamsの電話サービスを導入すると余計なライセンス料を払うことになる。工場、鉄道や電力会社の保安運用のための電話にもTeamsは不向きだ。

オフィスにおいてもTeamsがPBXベンダーのクラウドより有利とは限らない。チャットも、ビデオ会議も、電話も何もかもTeamsに統合しなくても、たとえばクラウドPBXとZoom Video Communicationsの「Zoom」を使えば同じことはできる。

ペンチとハンマーをくっつけて1つの道具にしても使いにくい。複数のクラウドを使うという選択肢も検討すべきだ。

図3-6-2 PBXベンダーによるクラウドPBXの例「ネッツボイス 音声クラウドサービス」

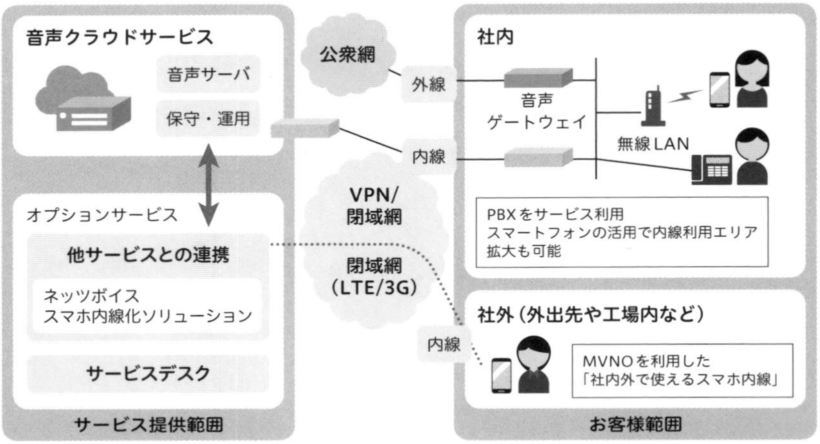

レガシーPBXと必ず比較しなければならない

先ほど紹介したとおり、KDDIは電話の運用を内製化できることをメリットとして挙げている。これは明らかな間違いだ。

たとえば、人事異動や組織改変があると膨大な数の電話機の移設や追加が必要になる。クラウドの設定変更も大変だ。電話機の工事やクラウドの設定を内製するなど無駄だ。そのための人材を自社で抱えるのはコスト高になるだけでなく、企業の事業目的にそぐわない。

ならばKDDIに頼んでやってもらうのか？　はたしてその費用はPBX業者より安いのか？　その可能性は低い。なぜならPBX業界の人件費はIT業界より安いからだ。

図3-6-2の左に保守、運用、サービスデスクとあるのに注目してほしい。PBXベンダーは電話の運用の大変さをよく知っているので、これらをちゃんと書いてある。

「明日、営業部に派遣社員がくるから電話を2台増やして」と言われれば、すぐ付けなければいけない。Teams＋FMSという構成のクラウド電話では、誰が電話機を付けてクラウドの設定変更をするのだろう？　企業が電話のクラウド化を検討するときには、費用の面でも、対応の早さでも、運用がレガシーなPBXと同等以上であることを確認すべきだ。

企業がこれからのコミュニケーションサービスをどう発展させて行くか、その仕組みとして何を使うかは、それぞれの企業の利用環境や働き方で大きく異なる。選択肢は1つではない。求められる機能や使いやすさ、コスト、運用性を総合的に検討し、的確な選択をしたいものだ。

「在宅」ファーストの企業ネットワーク設計、3つのポイント

新型コロナの感染予防対策として在宅勤務が一気に広がった。今や企業におけるネットワークユーザーは社内にはほとんどおらず、自宅にいる状態となっている。アフターコロナになっても、働き方改革の定着とあいまって「在宅」ファーストは続くだろう。そこにおける企業ネットワーク設計のポイントについて述べる。

「在宅」ファーストの企業ネットワーク設計

筆者が勤務する会社ではロケーションフリーな働き方を可能にするため、10年以上前からパソコンは紛失や盗難にあっても情報漏えいの心配がないシンクライアントが原則になっており、社内では無線LAN、社外ではモバイル等によるリモートアクセスで仕事ができるようになっていた。そのため、コロナ対策で全社員に在宅勤務の指示が出てもすんなりと対応できた。しかし、多くの企業では在宅勤務を急激に増やした結果、ネットワークに問題が生じた。それが図3-7-1に示した①から③である。

1番目はビデオコミュニケーションのトラフィックの扱いだ。社内、社外との打合せのためビデオ会議が不可欠となり、ZoomやTeamsなどの利用が急増した。その結果、インターネット接続回線がひっ迫して急遽増速をせねばならない企業が続出した。

図3-7-1 在宅ファーストな企業ネットワークの設計ポイント

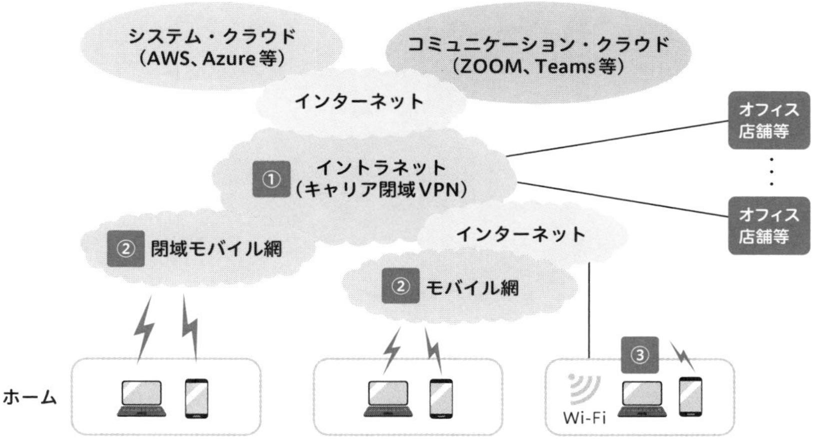

2番目はモバイル回線の問題である。従来、モバイル回線でリモートアクセスを使うのは営業マンなど一部の社員だけだった企業が在宅勤務用にモバイル回線を一気に増やした結果、イントラネットとモバイル網の接続部分がネックになり業務が止まった、などという例も耳にした。これから在宅ファーストなネットワークにするにはモバイル網の使い方はキーになる。

3番目はホームネットワークだ。企業ネットワークの範囲外なのだが、在宅勤務を快適にするには大事な要素だ。

マルチクラウド接続サービスでトラフィックの急増に対応

在宅勤務が増えるとビデオ会議のトラフィックが急増する。ビデオ会議サービスの多くはインターネットで使う。在宅社員が会議に参加すると、社内の会議であれ社外との会議であれ、その映像や音声はイントラネットを経由してインターネット接続回線を通ってビデオ会議サービスのクラウドとの間でやりとりされる。映像と音声を使う場合、1ユーザーあたりで必要な帯域幅は約1Mb/sである。100人が使えば100Mb/s、1000人使えば1Gb/sの帯域幅が必要になり、インターネット接続回線の増速が必要になる場合が多い。しかし、物理的な回線の増速には1か月程度の時間がかかる。ユーザーが望むほどすばやい増速はできないのだ。

このような物理的な回線の制約なしにクラウドに割り当てる帯域幅を臨機応変に変更できる仕組みとして「マルチクラウド接続サービス」がある。NTTコミュニケーションズ、ソフトバンク、KDDIなどが自社の閉域VPNサービスのオプションとして提供している。ただし、ユーザー用のWebコンソールでコネクションの新設やコネクションの帯域幅変更をリアルタイムで行えるのはNTTコミュニケーションズとソフトバンクで、KDDIにはユーザー・コンソールがない。ユーザーが新設や変更を申込んでKDDIが工事を行う。

図3-7-2のイントラネットがキャリアのVPNであり、VPNとクラウドがキャリア網内で接続されている。接続用の設備や回線は個々のユーザー占有ではなく、共通の資源を必要なユーザーに割り当てている。新たなクラウドと接続するからと言って、イントラネットに新しい回線を引く必要はない。

たとえばNTTコミュニケーションズのマルチクラウド接続サービス、Flexible InterConnectを使えば、クラウドとの新しいコネクションの設定やコネクションの帯域幅の変更をユーザー・コンソール(FIC-Consoleという)で行い、即日反映できる。ビデオ会議サービスもクラウド接続サービスの対象になっていれば帯域幅変更が随時簡単にできる。数100人が参加するような大きなイベントがある時にはその日だけ帯域幅を増やし、終わったら元の帯域に戻す、といった運用ができるのだ。

しかし、現時点でマルチクラウド接続サービスが使えるビデオ会議サービスはMicrosoft 365配下で使うTeamsだけだ。図3-7-2のとおり、Zoomはインターネットでしか使えない。シスコのWebexも同様だ。

Microsoft 365の接続でExpressRoute（閉域接続）を使っている場合、TeamsのトラフィックはExpressRouteのコネクションを流れるので、その帯域幅を増減させればよい。

ZoomやWebexのユーザーも帯域幅を随時自由に増減できるメリットは大きい。各社のマルチクラウド接続サービスで早期にZoom、Webexがサポートされることを期待する。

図3-7-2 マルチクラウド接続サービスでトラフィックの増減に即時・柔軟に対応

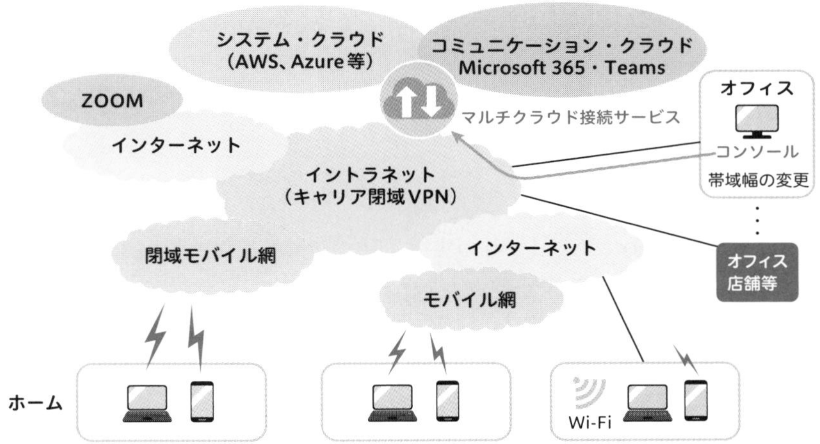

モバイル網は閉域接続か、インターネット接続か？

モバイル網には閉域モバイル網と通常のモバイル網がある（図3-7-3）。通常のモバイル網とはパケット通信がインターネットに接続されるものだ。対して閉域モバイル網はインターネットには接続せず、直接イントラネットに接続して利用する。2-1で述べたとおり、筆者が今後の企業ネットワークの主たる構成要素として推奨しているものだ。実際、筆者の運用するネットワークで活用し、成果をあげている。

閉域モバイル網がモバイル網より優位な点は、セキュリティが強固なこと、イントラネットの一部として扱えるため使いやすいこと、イントラネットの接続部分の帯域管理が不要なこと、の3点である。

セキュリティのチェックは閉域モバイル網側（NTTドコモ等のMNO）とキャリアVPN側双方で行う。まずMNOはSIMに記録されているSIM固有の15桁の数字IMSI（International Mobile Subscriber Identity：国際移動体加入者識別番号）とSIM内の暗号鍵が、MNOが持つIMSIに対応した暗号鍵と整合し、SIMが正当であることを確認する。盗難や紛失でSIMが利用停止になっている場合は、SIMが正当でも認証されない。

IMSIがキャリアVPNに割り当てられたものであるかどうかもチェックする。

MNOでのチェックが完了すると、MNOからキャリアVPNのRADIUS（Remote Authentication Dial In User Service）に接続要求が送られる。VPN側でも再度IMSIをチェックし、ID、パスワードを確認する。確認できればSIMに対応するIPアドレスを払い出す。このように接続端末の正当性をSIMによって厳密に、しかもユーザーの操作なしにできるのがメリットだ。

図3-7-3 閉域モバイル網か、モバイル網か？

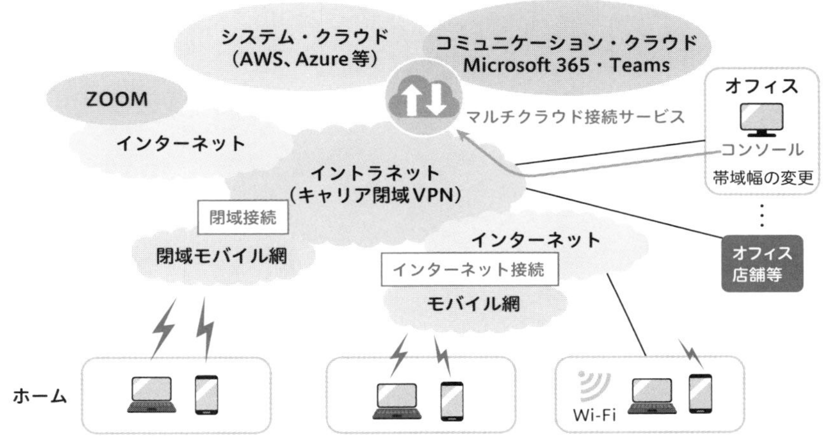

閉域モバイル網はイントラネットにインターネットを介さずに接続するため、端末に企業のプライベートIPアドレスを付与することができる。閉域モバイル網がイントラネットの一部として扱えるということだ。インターネットへのアクセスは社内のパソコンと同じファイアウォールやプロキシを経由する。パソコンに対するアクセス制限やURLフィルタリングがそのまま閉域モバイル網の端末にも適用されるためセキュリティ対策がしやすい。

筆者が運用するネットワークでは数100人が閉域モバイル網でSIM内蔵のパソコンを使っている。社内でも自宅でもまったく同じ感覚で使えることが喜ばれている。

インターネットを介してモバイル網をイントラネットに接続する場合、データセンター等、どこかにインターネット接続回線を用意せねばならない。在宅勤務のユーザーやビデオ会議の頻度が増えれば回線の増速をせねばならない。増速にはキャリアに申請してから1か月ほどかかる。トラフィック監視の手間がかかり、すばやい増速もできないのだ。対して、閉域モバイル網とキャリアVPNの接続はキャリア網内で行われており、トラフィックに対して十分な帯域が確保できるようキャリアが管理運用している。個々のユーザーが帯域不足の心配をする必要はない。

在宅ファーストな企業ネットワークでは閉域モバイル網の利用を推奨する。

ホームネットワークはWi-Fiに注意

ホームネットワークは企業ネットワークの範囲外だ。しかし、現実には在宅勤務でホームネットワークを使うことは多い。かくいう筆者も会社貸与のシンクライアントPCを自宅のインターネット回線でVPN接続して使っている。会社貸与のスマートフォンでテザリング接続したり、会社貸与のモバイルルータを使ったりするのは企業にとってはコスト高だ。

実際にホームネットワークで在宅勤務をして、Wi-Fiが弱点になりやすいことが分かった。筆者の自宅は4LDKのマンションだ。リビングにはRJ45のコンセントが2つ、他の部屋には1つずつある。しかし、パソコン3台、テレビ、Google Home、iPad2台、スマートフォン2台、プリンタ、すべてWi-Fi接続でRJ45は使っていなかった。ちなみにWi-Fiルータはリビングにあり、廊下の棚にリピーターを置いている。これで何の問題もなく使えていた。

しかし、シンクライアントPCをWi-Fiで接続しているとビデオ会議の相手から音声が途切れると指摘されたり、VPNが切断されたりすることがあった。そこで、RJ45で有線接続にするとWi-Fiより改善された。

ホームネットワークを在宅勤務で使うとインターネット回線やWi-Fiの環境の良し悪しで影響を受けやすいので注意が必要だ。

Chapter 4

ISDNサービス終了に向けたフレッツ活用の高度化

4-1

Chapter 4
ISDNサービス終了に向けたフレッツ活用の高度化

2024年ISDN終了問題、閉域モバイル網とクラウドPBXで上手に乗り切ろう

2024年にサービスが終了するISDN (Integrated Service Digital Network)。今も多くの店舗やオフィスで電話、ファクシミリ用の回線として役立っている。この節ではISDNが担ってきた電話やFAXをデータ通信用のフレッツに統合し、コスト削減や利便性の向上を図る方法について解説する。

1988年にサービスを開始したISDN。NTT東西は2024年初めにISDNサービスの終了を予定している。ISDNはすでに企業ネットワークの主役ではないが、今でも流通業の店舗や小規模なオフィスでは電話、ファクシミリ (FAX) 用のISDNと、データ通信用のフレッツを併用しているケースが多い。

この併用を解消することで、コスト削減を図ることができるだけでなく、電話、FAXの使い方を見直し、利便性を向上できる。

単純なISDNのフレッツへの統合

図4-1-1はISDNとフレッツを併用した小規模拠点での典型的な構成である。データ通信にはフレッツを使用し、広域のレイヤー3 (L3) サービスで多数の拠点がデータセンターに接続されている。拠点ではNTTが設置するONU (Optical Network Unit：光回線終端装置) にユーザーのルータを接続している。

図4-1-1 典型的な小規模拠点の構成

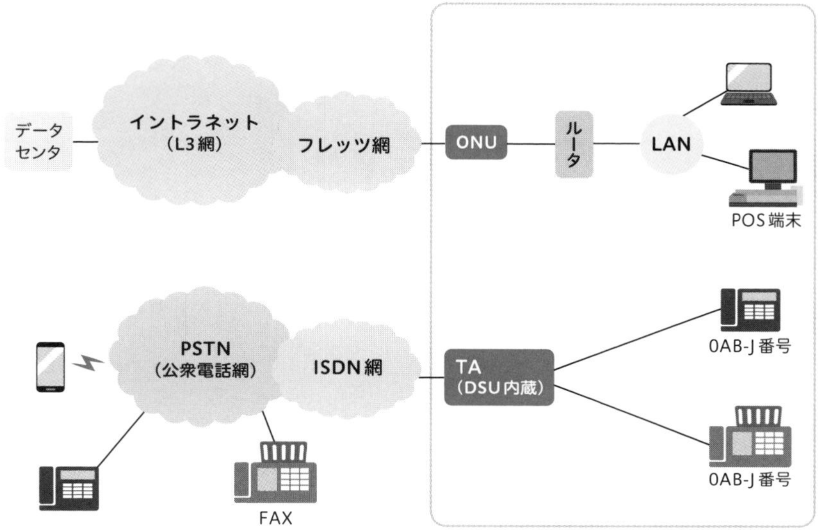

ISDNの回線終端装置はDSU（Digital Service Unit）だが、DSUを内蔵したTA（Terminal Adapter）を利用することが多い。TAはデジタル回線であるISDNにアナログ端末である電話やFAXを接続する装置だ。

電話やFAXにある0AB-J番号は03（東京）や06（大阪）で始まる固定電話用の電話番号を意味する。

ISDNをフレッツに移行する方法は複数ある。最も単純なのは、フレッツのひかり電話サービスを使う方法だ（図4-1-2）。ONUにホームゲートウェイを接続しルータや電話機をつなぐ。NTTのホームゲートウェイにはフレッツ網でPPPoE（Point-to-Point Protocol over Ethernet）を使って通信するLANポートが4つ、IP電話網を使って帯域保証型で通信する電話ポートが2つある。接続する電話などの端末が多い場合は別のゲートウェイを使用する。図ではLANポート1つと電話ポートを2つ使用している。

図4-1-2 ISDNを単純にひかり電話へ移行した構成

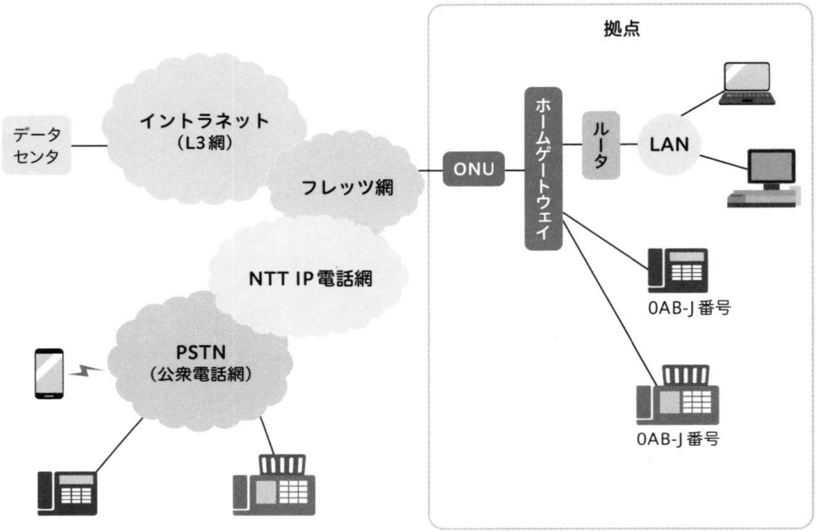

ISDNからひかり電話に移行しても、電話やFAXの電話番号は変わらない。使い方も変わらない。ただしFAXはG3モードだけであり、高速通信ができるスーパーG3モードは保証されていない。家庭用などの小型FAXは通常G3モードしか持っていないので問題にならないが、スーパーG3が可能な機種はG3モード固定で使うよう設定しておく必要がある。

電話の高度利用を可能にする統合とは

図4-1-2の方法でひかり電話へ移行するには、ホームゲートウェイの設置やルータ、電話機、FAXの接続といった工事が発生し、費用と手間がかかる。せっかく費用をかけるなら、これまでと同じことしかできない構成ではなく、働き方改革にも有用な電話の高度利用を可能にする構成を検討しよう。次ページの図4-1-3はその一例だ。

構成のポイントは次の6点である。

- クラウドPBX（構内電話交換機）サービスを用いて、全拠点で自営IP電話による本社と拠点間の内線通話を可能にする
- イントラネットに閉域モバイル網（2-1参照）を接続し、スマートフォン内線を実現する（拠点の中だけでなく外出先や自宅でも内線電話が可能となる）
- 拠点の電話機にはIP電話機を使い、LANに接続する
- FAXはベストエフォート型通信（ルータ経由）を使う自営IP電話では無理なため、ひかり電話に収容する
- IP電話機とスマートフォンには内線番号と050番号（クラウドPBX事業者から提供）を付与し、内線着信だけでなく外線からの着信も可能にする
- 本社などの既存PBXはゲートウェイ（図中のGW）でクラウドPBXに接続し、拠点のIP電話機やスマートフォンとの内線通話を可能にする

図4-1-3 クラウドPBXで利便性の向上を図った構成

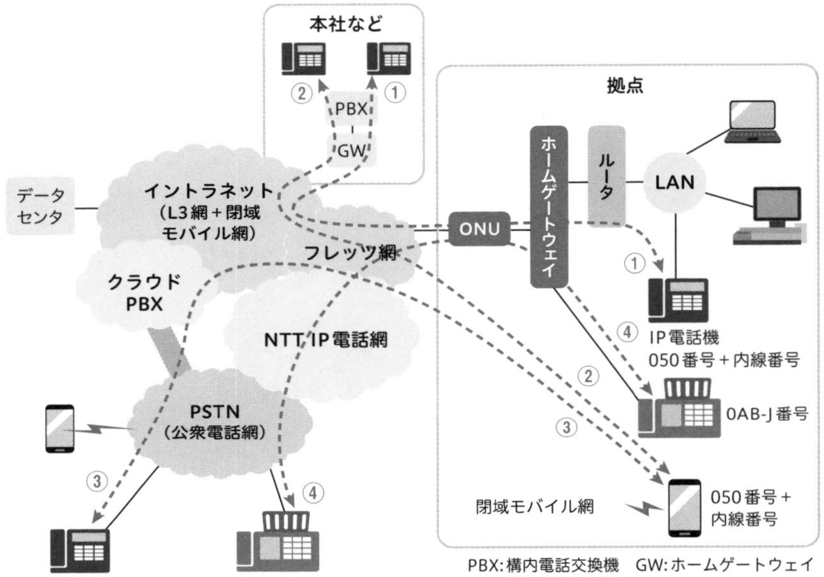

図4-1-3に示した主な4種類の通話の流れ（丸数字の付いた点線）は、次のように動作する。

①本社などのPBX配下の電話機と拠点IP電話機との内線通話

内線番号のダイヤルで接続する。ダイヤルすると内線番号を含む接続要求メッセージが発信側のIP電話機またはゲートウェイからクラウドPBXに送信され、クラウドPBXが該当する端末に転送して電話のセッションを設定する。セッション確立後の音声パケットは点線のとおり、クラウドPBXを介さず直接端末間でやりとりされる。

②本社などのPBX配下の電話機と拠点のスマートフォンとの内線通話

点線がフレッツ網の上を通るように描かれているが、実際にはイントラネットと閉域モバイル網しか通らない。スマートフォンにはクラウドPBXに対応したソフトフォン（通話アプリ）をインストールする。

③拠点のスマートフォンからの外線通話

一般の内線電話と同様にゼロ発信で外線電話の番号をダイヤルするとクラウドPBX経由で外線に発信できる。外部の電話からはスマートフォンに付与された050番号をダイヤルするとクラウドPBX経由でスマートフォンに着信する。

④ひかり電話によるFAX通信

050番号を使うIP電話は遅延の長さや遅延のゆらぎが大きくFAX通信には適さない。そのため、拠点のFAXはひかり電話に収容する。ひかり電話は0AB-J番号を使うために総務省が定めている品質基準（例：遅延が100ミリ秒未満）を満たすよう制御されており、FAXを利用できる。ただし、先ほど説明したようにG3モードに限られる。

クラウドPBXは通信事業者やネットワークベンダーなどが、多くのサービスを提供している。社内や取引先の連絡先をWeb電話帳に登録して、個人で使ったり、グループ内で共有できたりするサービス、社内のメンバー間で使えるセキュアなチャットサービスなど、利便性の向上に役立つメニューがある。

図4-1-2と図4-1-3の構成の違いによってランニングコストがどのように変わるか比較したものが、図4-1-4である。フレッツの品目は「フレッツ 光ネクスト ファミリー・ハイスピードタイプ」で、NTT東日本の料金を挙げた。にねん割などの割引は適用していない。さらに、電話の通話に応じて課金される通話料は対象としておらず、固定費だけの比較である。

図4-1-4 ランニングコストの比較

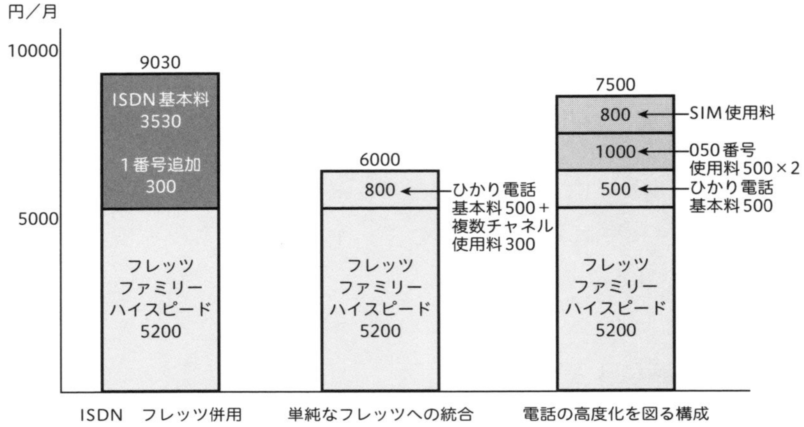

併用構成（左端）と比べて、単純なフレッツへの統合（中央）で月額3030円安くなり、クラウドPBXを使って電話の高度化を図る構成（右端）では1530円安い。多数の店舗を展開する流通業などでは大きなコスト削減になる。電話の高度化を図る構成では、従業員にスマートフォンを持たせることで店頭にいてもバックヤードで作業をしていても電話が使えるなど利便性が向上する。

ISDNのサービス終了は、単に別のサービスに切り替えるだけではなく、ネットワークの構成や使い方を見直すよい機会だ。2024年を待たずに、自社にとってメリットのある移行方法を検討してはいかがだろう。

「ひかり電話」を採用するとVPNの速度が低下する場合あり、対策は?

NTTグループの「フレッツ 光ネクスト」をイントラネットに使っている企業では、電話やファクシミリをISDNからひかり電話に移行する動きが始まっている。ISDNが2024年に廃止されるという理由だけでなく、基本料金を大幅に節減できるからだ。ところが「フレッツ 光ネクスト」に、VPNとひかり電話を相乗りしにくい場合がある。相乗り自体を認めていないVPNサービスがあったり、相乗りさせるとVPNのスループットが低下したりする場合があるからだ。この節ではひかり電話とVPNの相乗り問題とその対策について述べたい。

筆者の業務上の経験から、NTTグループの「フレッツ 光ネクスト」が企業ネットワークで最も多く使われている回線であることは間違いない。とくに多くの店舗や営業所などを結ぶ「多拠点型」と呼ばれるネットワークでは「フレッツ 光ネクスト」が主役だ。各拠点では図4-2-1のようにデータ通信には「フレッツ 光ネクスト」、電話やファクシミリ(FAX)にはISDNを使っていることが多い。4-1で述べたように、2024年のISDNサービス廃止を見越してISDNを「フレッツ 光ネクスト」などに移行することが、企業ネットワークの課題になっている。

一番簡単な対策は、ISDNを「フレッツ 光ネクスト」のひかり電話に移行することだ。データ通信で使っている「フレッツ 光ネクスト」にひかり電話のオプションを追加すれば電話番号を変えずに移行できる。ISDNの基本料は電話番号1、2チャネルの利用で3530円。これに対し、ひかり電話は1チャネル1番号で500円＋1チャネル追加200円、合計700円となる。基本料が2830円も節約できるのだ。

図4-2-1 典型的な小規模拠点の構成

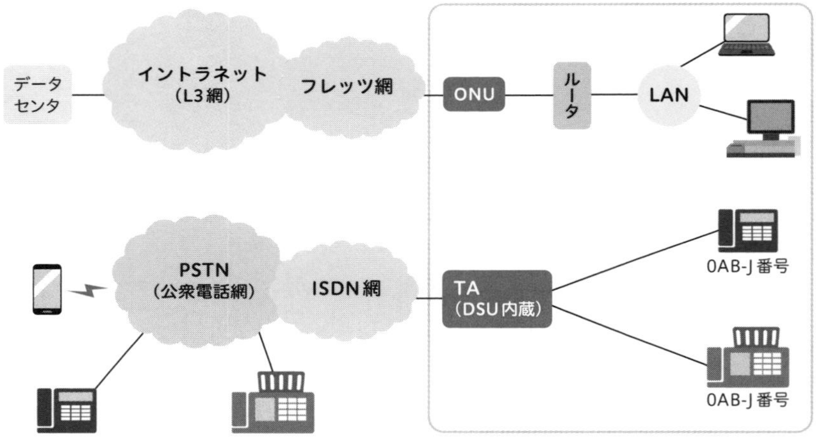

スループット問題の起こるケース

図4-2-2がISDNを「フレッツ 光ネクスト」に統合した例である。筆者が運用を担当しているネットワークで実績のある構成だ。ホームゲートウェイはNTT東西が用意するひかり電話用の装置であり、複数の種類があるものの、どれもLANポートが4つ、電話ポートが2つある。図ではLANポートの1つにユーザーのルータを接続し、電話ポートに固定電話とFAXを接続している。

キャリアのVPNサービスでは、ユーザーの拠点にキャリアがCPE（Customer Premises Equipment：加入者構内設備）を設置することがある。キャリア網内の装置とPPPoE（Point to Point Protocol over Ethernet）や各種のトンネルを設定する場合、ユーザーのルーターとキャリア網内の装置間で直接設定するとプロトコルが合わずに接続できないことがある。そこで、確実につながるCPEを設置して通信路を設定するのだ。

図4-2-2の構成ではCPEがなくユーザーのルータとキャリア網内の装置間でPPPoEを設定している。この構成ではスループットが低下するといった問題は起こっていない。

図4-2-2 CPEがない構成ではスループット問題なし

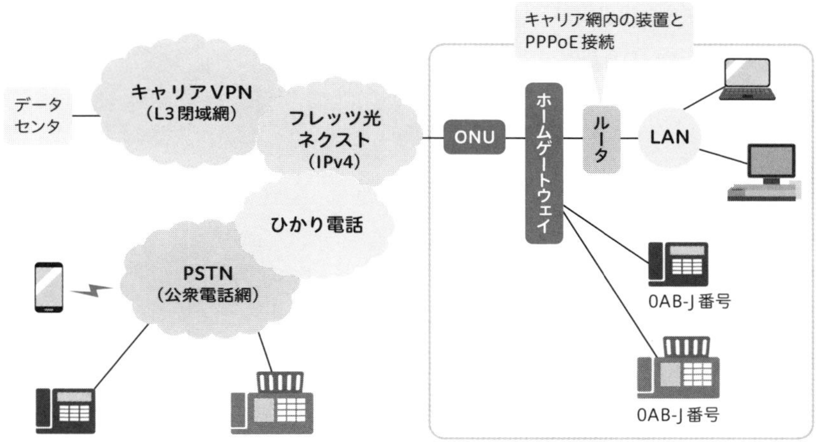

図4-2-2で使っているVPNはIPv4とPPPoEを使った従来型のVPNだ。最近ではIPv6とIPoE (IP over Ethernet) を使ったVPNサービスが始まっている。後者はオーバーヘッドが少なく効率的であることと、「フレッツ 光ネクスト網」とVPN網の接続部分が広帯域であることからスループットの向上が期待できる。従来型では最大で20M〜30Mbps程度であったが、IPoEベースのVPNではその数倍のスループットが出ることもある。

IPoEベースのVPNでも、ホームゲートウェイがない (ひかり電話を使わない) 構成ではスループット低下問題はない (図4-2-3)。

図4-2-3 ホームゲートウェイがなければスループット問題なし

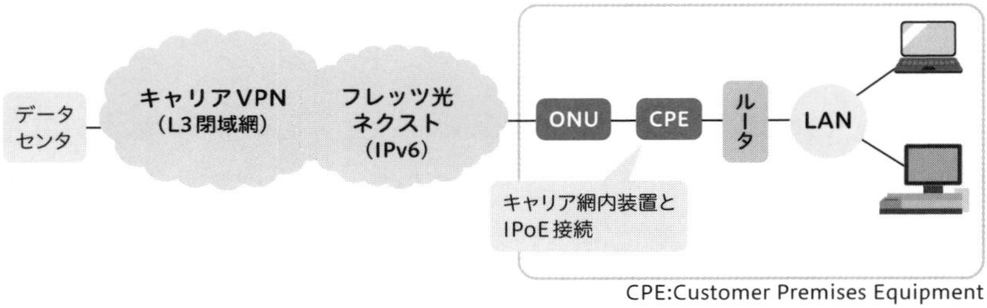

スループット低下問題が起こっているのは、図4-2-4のようにIPoEベースのVPNでホームゲートウェイにCPEを接続した場合である。

図4-2-4 ホームゲートウェイにCPEを接続するとスループットが低下するケースあり

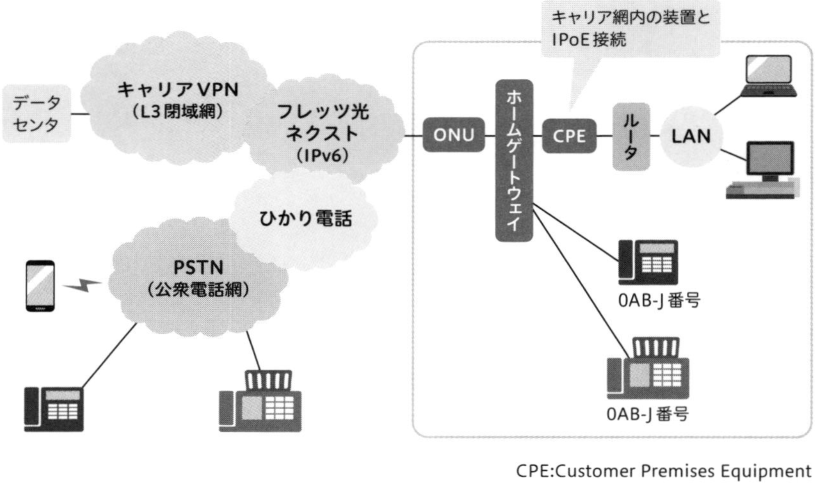

VPNサービスを「フレッツ 光ネクスト」でひかり電話と共用する構成について、三大キャリアにヒアリングしたところ、次のような回答を得た。

NTTコミュニケーションズ（Universal One）

「フレッツ 光ネクスト」での（VPNと）ひかり電話との相乗りは許容している。IPoEによるVPNの場合、ひかり電話と相乗りするとスループットが低下することがある。IPoE VPN単独で利用する場合、PPPoEによるVPNと比較して高いスループットが得られる。PPPoEによるVPNの場合、VPN単独で「フレッツ 光ネクスト」を使ってもひかり電話と相乗りで使ってもスループットに差異はない。

KDDI（Wide Area Virtual Switch2 L3サービス：WVS）

「フレッツ 光ネクスト」をWVSとひかり電話で共用することは障害時の切り分けが困難になるため推奨しない。IPv6＋IPoEによるVPNでホームゲートウェイにCPE（KDDIでの名称はU-ADP）を接続するとスループットが著しく低下することがある。IPv4＋PPPoEによるVPNではひかり電話と相乗りしてもスループット低下の事例は報告されていない。

ソフトバンク（SmartVPN）

「フレッツ 光ネクスト」でのひかり電話との相乗りは許容していない。実績もない。VPNはIPv4＋PPPoEによるものだけでIPoEには未対応（2019年10月時点）。

NTTコミュニケーションズとKDDIの内容はほぼ一致している。ソフトバンクのVPNはひかり電話との相乗りを認めないので議論の対象にならない。ソフトバンクのユーザーはVPN用の「フレッツ 光ネクスト」とは別にひかり電話用の「フレッツ 光ネクスト」を引かないとISDNの移行ができないことになる。

筆者が運用しているネットワークでの実績や、NTTコミュニケーションズやKDDIのヒアリング結果から現時点でひかり電話と相乗りできるのはIPv4＋PPPoEによるVPNということになる。難点はIPoEをひかり電話なしで使う場合と比較してスループットが落ちることだ。IPoEでは100Mbps程度のスループットが得られることもあるが、PPPoEでは先ほど紹介したとおり20M～30Mbps程度である。

本来、「フレッツ 光ネクスト」でデータ通信とひかり電話が相乗りできるのはあたりまえのことであり、IPv6＋IPoEによるVPNとひかり電話が「フレッツ 光ネクスト」を共用でき、スループットの低下もないのがあるべき姿だ。

電話は1チャネル当たり、たかだか100kbps程度の帯域幅しか必要としない。それが相乗りしたからと言ってデータ通信のスループットに影響があるなどあってはならないことだ。

ISDNサービス終了に向けてひかり電話とVPNの統合には強いニーズがある。キャリア各社にはこの問題を早期に解決する努力をしてもらいたい。ひかり電話を提供するNTT東西とVPNを提供するキャリアとの間でオープンな議論が必要である。

ひかり電話を使わないという選択肢

とは言うものの、キャリアによる問題解決はいつになるか分からない。ユーザーが選択できるキャリアに頼らない解決策もある。それはひかり電話を使わないという選択肢だ。電話をすべて050番号のIP電話に移行すれば、電話のトラフィックもデータとして扱うためホームゲートウェイなど不要だし、基本料も安価になる。電話を050主体にする事例は大企業を含めかなりある。

ただし、FAXは050番号のIP電話で扱うことは無理だ。どうしてもFAXが必要ならISDNを残置するか、FAX用に「フレッツ 光ネクスト」を引くしかない。

VPNの運用を担当しているネットワークエンジニアにはデータ通信だけでなく電話にも目を配って、ISDNの移行やIPoEの適用をどうするか、検討することをお勧めしたい

フレッツIPv6オプションで「超軽量」VPNを試してみよう

「フレッツ 光ネクスト」のIPv6オプションを使ったIPoEがインターネット接続を高速にする手段として注目されている。この手法はインターネットと切り離された超軽量VPN（閉域網）の構築にも利用できる。超軽量とは技術はもちろん、通信コストが安いという意味だ。

従来はインターネットと「フレッツ 光ネクスト」（以下、フレッツ）の接続点に終端装置を置き、PPPoE（Point-to-Point Protocol Over Ethernet）トンネルを確立していた。だがこの手法では速度低下が著しくなっている。原因は終端装置自体が混みあっていること、終端装置とインターネットの接続帯域が広くないことだ。

これに対してIPoEはトンネルを使わず、IPv6によるレイヤー3ルーティングで接続するため終端装置がいらない。フレッツとインターネットの接続部分の帯域幅も広帯域であることから速度アップが期待できるのだ。

IPoEという言葉は何か新しい技術であるかのように聞こえるがそうではない。企業のイントラネットではイーサネットでIPを使うのはあたりまえだが、それがIPoEである。フレッツではIPパケットがイーサネットでフレッツ網に入り、フレッツ網内ではIPv6でルーティングされる。それだけのことである。

このような理由で、インターネット接続サービスに使えるだけでなくIPoEを使った閉域VPN（Virtual Private Network）が構築できるのだ。

超軽量VPNの構成

「超軽量」と呼ぶ理由は、フレッツ以外の通信サービスを利用せずにVPNが構築できるからだ。インターネットVPNならフレッツ以外にインターネット接続サービスを契約しなければならない。キャリアのVPNサービスなら、フレッツ以外にたとえばKDDIのWVSやNTTコミュニケーションズのUniversal Oneといったサービスを契約する必要がある。

そのため、料金が「フレッツ料金＋他のサービスの料金」となり、高くなる。フレッツだけでVPNを構成すれば技術的に軽量なだけでなく経済的にも安価になるのだ。

超軽量VPNの構成を図4-3-1に示す。ルータ間にIPoEでVPNを設定し、その中でIPv4パケットを送受信する。VPNとしてはIPsecがよく使われる。

IPsecを確立するには相手のIPv6アドレスが必要だが、フレッツのIPv6アドレスは固定ではなく半固定だ。そのため、IPsecを確立しようとするルータはダイナミックDNSに相手ルータのホスト名に対応するIPv6アドレスを問い合わせる。ちなみにIPv6アドレスが変わるのはNTT東西で工事などがあったときだけであり、頻度はまれである。

フレッツで利用できるDNSは、NTT東西やNEC、ソフトイーサから提供されている。NTT東西のDNSは「ネーム」と呼ばれ、割り当てられたIPv6アドレスにホスト名を付けてネームに手動で登録する。ダイナミックDNSではなくアドレスが変わったら手動で変更せねばならない。

NECのサービスはNetMeister DDNSサービスと呼ばれ、ルータに割り当てられたアドレスが変更されると自動的に追随する。ただし、対象となるのはNECのルータだけである。ソフトイーサのダイナミックDNSは自動追随するがNTT東のフレッツでしか使えない。

図4-3-1 超軽量VPNの構成

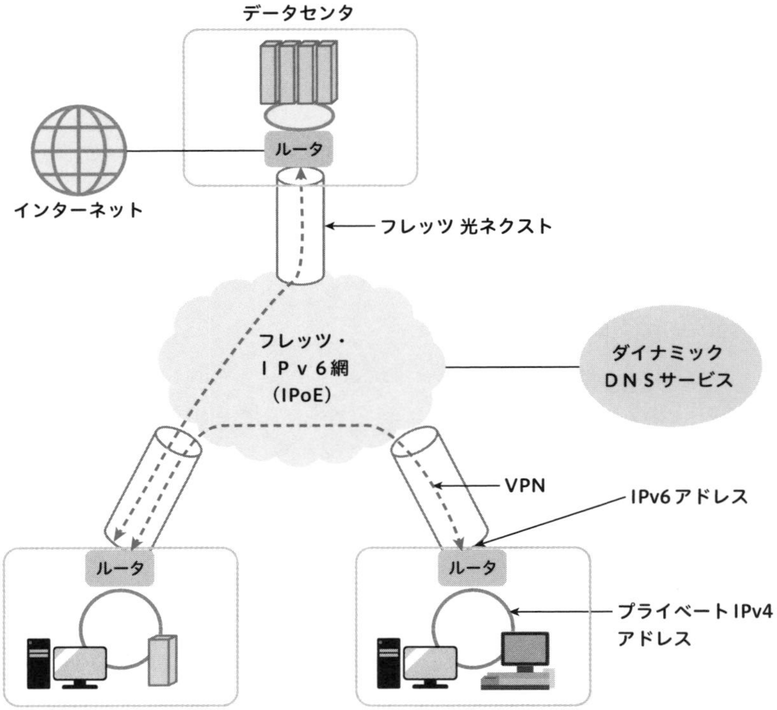

超軽量VPNの仕組み

超軽量VPNの通信の仕組みを図4-3-2に示す。設計やルータの仕様によって仕組みは一通りではなく、図はあくまで一例である。図中の数字に沿って、動作順に説明する。

①各拠点のルータはセンタールータとの間にIPsecを確立する
②拠点Bから拠点Aへ通信する場合、拠点Bのルータがセンターのルータへパケットを送信する
③センターのルータはパケットを拠点Aへ転送する
④③と同時にセンターのルータは拠点BのルータへNHRP（Next Hop Resolution Protocol）を使って拠点AのIPv6アドレスを通知する
⑤拠点Bのルータは拠点Aのルータとの間にIPsecトンネルを設定する
⑥⑤を使って拠点A、B間で通信する

図4-3-2 超軽量VPNの仕組み（例）

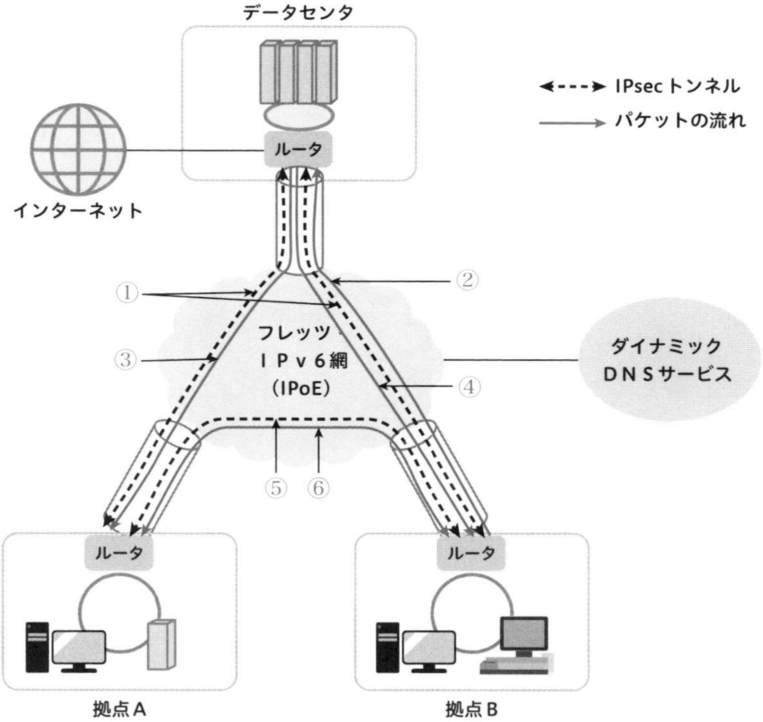

このように通信の都度、相手拠点との間にVPNを設定する方式を「ダイナミックVPN」と呼ぶ。拠点間の通信が多い場合は回線を効率的に使い、センタールータに負荷をかけない方式として有効だ。

しかし、多くの企業ネットワークがそうであるように、ほとんどの通信がセンターと拠点間で行われる場合はダイナミックVPNでなく、拠点とセンター間の固定VPNで十分である。

超軽量VPNの用途

超軽量VPNが適しているのは、自治体のネットワークのようにほとんどの拠点が同一県内、同一市町村内にあって、NTT東日本か、NTT西日本のどちらかのエリアにまとまっているネットワークである。

アクセス回線がフレッツなので帯域保証はなく速度にも限界がある。データセンターのように広帯域で帯域保証の必要な拠点がある場合は使えない。

NTT東西のエリアにまたがるネットワークに超軽量VPNを適用するには、エリア間をつなぐ手段が必要だ。

東西エリアの代表拠点間をインターネットVPNで接続する、といった手軽な方法も考えられる。おすすめなのはキャリアVPNでの接続だ。図4-3-3がその例である。東西を接続する拠点を決め、それをキャリアVPNで接続する。多くのトラフィックが集まるデータセンターもキャリアVPNに収容し、帯域保証のある広帯域の回線を二重化して接続する。

図4-3-3 NTT東西にまたがる超軽量VPNの構成

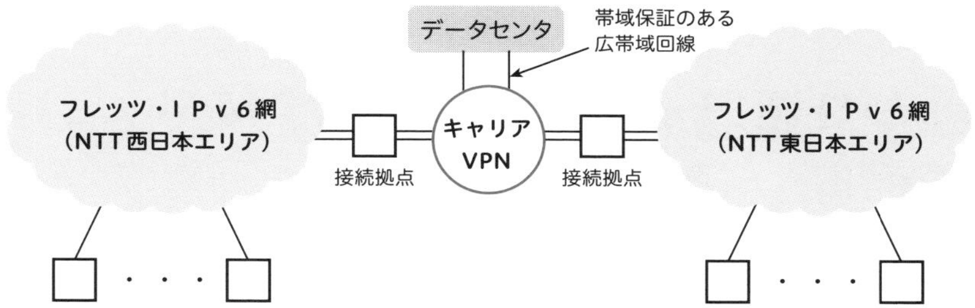

フレッツで構成する超軽量VPNは単独でも利用できるし、キャリアVPNやインターネットVPNと組み合わせて使うこともできる。単独利用でも、組み合わせ利用でもネットワーク設計者による工夫の余地が大きい。皆さんも自治体から全国に拠点を展開する企業まで適用を検討してみてはいかがだろう。

ひかり電話を契約したらVPNが通信断、原因は？

2024年のISDNサービス終了を控えて、電話やFAXで使っているISDNを「フレッツ 光ネクスト」の「ひかり電話」へ移行するための試験をした。すると、VPNの通信断という思わぬトラブルに遭遇した。プリミティブな障害である。この節では通信断の原因と、ひかり電話導入の留意点について解説する。

企業ネットワークの店舗や中小規模のオフィスではNTTグループの「フレッツ 光ネクスト」をデータ通信用途だけに使っているケースが多い。電話とFAXはISDNを利用する。ISDNは基本料金が月額3530円である。これを「フレッツ 光ネクスト」の「ひかり電話」に移行すると500円になる。

さっさとISDNを止めてひかり電話にした方が得なのだ。筆者が運用しているネットワークでも、ひかり電話導入のための試験を行った。

ひかり電話が登録されるとVPNが通信断

試験環境を使ってひかり電話の導入試験を行った。図4-4-1がひかり電話を入れる前の構成である。

CPE（Customer Premises Equipment）とキャリアゲートウェイの間に、IPv6によるIPsecトンネルを張り、IPv4で動くユーザーの拠点間を接続している。CPEは自らが使うIPv6アドレスを生成するために、フレッツ網内のルータからRA（Router Advertisement）でプレフィックス（/64、1個のIPv6セグメントに対応）を受け取っている。続いて、CPE自身のMACアドレスに基づいて64bitのインタフェースIDを生成し、プレフィックスと合わせて128bitのIPv6アドレスを作る。

図4-4-1 ひかり電話のないフレッツ光ネクストでのVPN

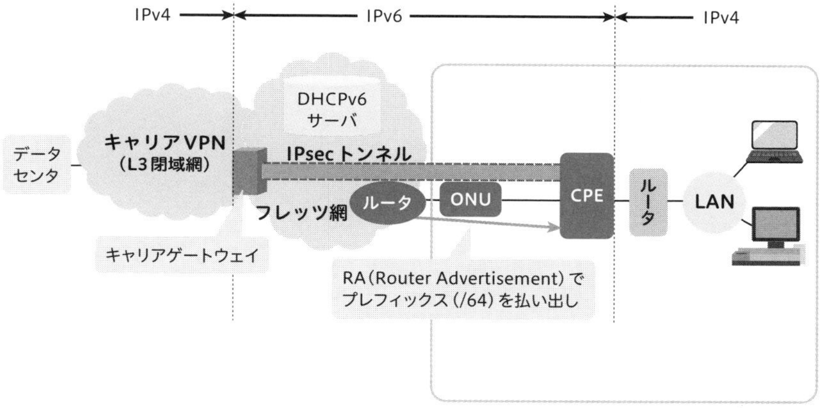

CPE:Customer Premises Equipment

ひかり電話は4月1日工事として申し込んだ。4月1日の何時にフレッツ網側で工事が始まるのかは分からないし、工事時間をあらかじめ指定することもできない。NTTの担当者に聞くと、大体8時くらいに行われることが多いそうだ。

ひかり電話を使うには拠点側にホームゲートウェイを設置する必要がある。NTT東日本の書類上は「ホームゲートウェイ」ではなく「ひかり電話ルーター」と書かれている。ホームゲートウェイの設置はNTTに依頼することもできるし、ユーザーが自分で設置することもできる。今回は自分で設置した。

結局、ひかり電話工事の2〜3日後にホームゲートウェイを設置したのだが、おかげで面白い発見があった。4月1日にひかり電話の工事がフレッツ網側で行われてから、VPNの通信ができなくなったのだ。試験環境とはいえ、常時、通信の生死監視をしているので、通信断のアラームが上がって気が付いた。この状態が図4-4-2である。

図4-4-2 ひかり電話を契約してVPNは不通に

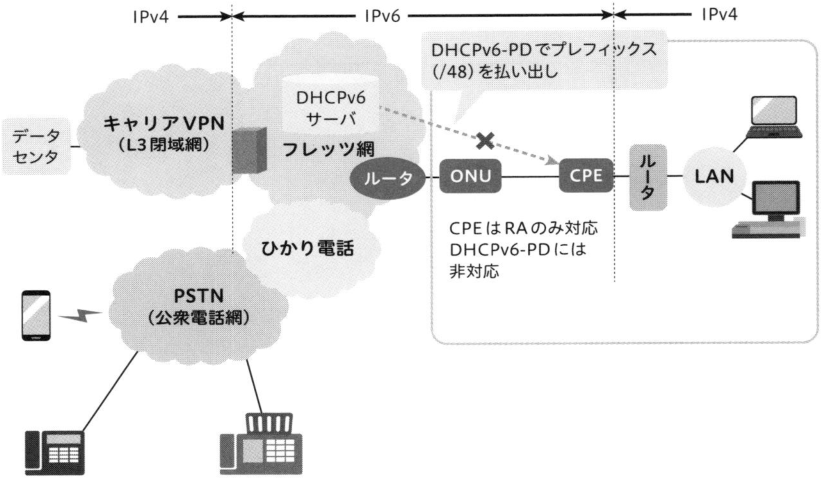

ひかり電話を導入すると拠点にはユーザー（CPE）が使うIPv6セグメント以外にひかり電話で使うセグメントが必要になるため、1個しかセグメントを渡せないRAではなく、DHCPv6-PD（Prefix Delegation）で複数のプレフィックスを/48で払い出す。ところが、CPEはRAでしかアドレスを受け取れないため、通信不能になったのだ。

ホームゲートウェイを設置するとVPNの通信は復旧した。図4-4-3のようにホームゲートウェイがDHCPv6-PDでプレフィックスを受け取り、RAでCPEに渡してくれるからだ。

図4-4-3 ホームゲートウェイでVPN通信可能に

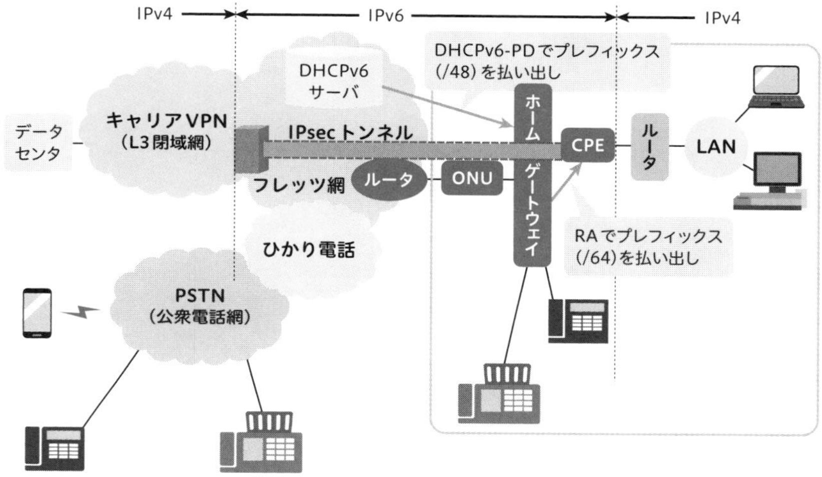

既設拠点でISDNをひかり電話に置き換える場合の対策とは?

新設の拠点の場合は、「フレッツ 光ネクスト」の開通とひかり電話の工事が同時にできるので、図4-4-2のような状況になってVPNが不通になる心配はない。しかし、既設拠点で「フレッツ 光ネクスト」にひかり電話を追加してISDNを「巻き取る」場合には、期間の長短はあれ、必ずVPNの通信断が発生する。ひかり電話についてフレッツ網側の工事時間をユーザーが指定できるなら、営業時間外に一時的にVPN通信を止めてホームゲートウェイを設置すればよい。

しかし、ひかり電話の工事時間が指定できない以上、営業時間中にVPN通信断が発生する可能性が高い。これを回避する有力な対策の1つが、LTEでバックアップすることだ。図4-4-4のように拠点ルータからLTEでデータセンターへ向かうインターネットVPNのバックアップを用意するのだ。

フレッツ網でひかり電話の工事が完了すると自動的にインターネッ

トVPNに迂回（うかい）し、ホームゲートウェイ設置後は、キャリアVPNが復旧してLTEから切り戻される。

図4-4-4 VPN通信断の事前回避策

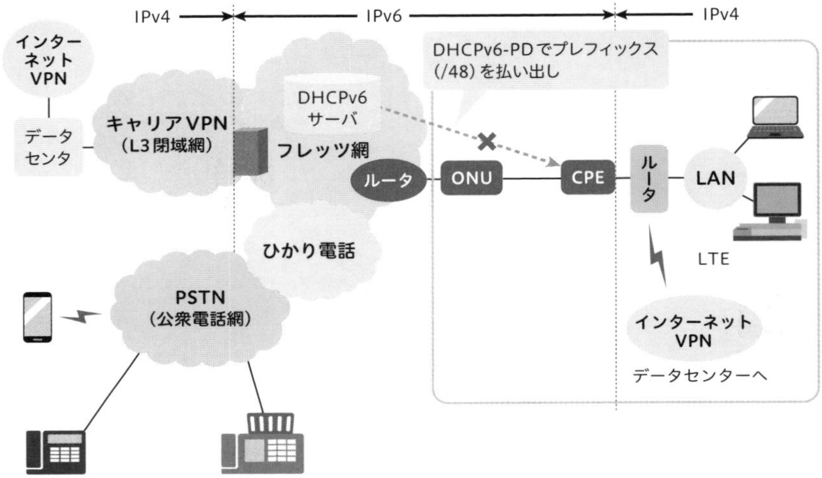

バックアップに使うLTEのSIMは普段データが流れることがないので、高価な大容量の契約である必要はなく、格安SIMで十分だ。ISDNを止めることによる経済効果を大きく損なうことはないだろう。

フレッツやISDNはかなり地味なテーマだ。だが、1000本単位の「フレッツ 光ネクスト」を業務上運用しているユーザーには重大な問題だ。そして、つくづく思うのだが、フレッツというサービスは奥が深い。皆さんの中にも多くのフレッツ回線を使っている方がおられるだろう。参考になれば幸いだ。

エンジニアなら「アナログ電話」を知っておこう

現在、ネットワーク技術の最先端といえば「5G」。しかし、5Gは10年もたてば「6G」に取って代わられて消えてしまう。だが、130年前に国内に登場したアナログ電話は今も企業ネットワークに不可欠で、おそらく今後30年たってもそれは変わらない。この節ではアナログ電話の重要性について解説する。

筆者はネットワークの仕事を始めた1987年から現在に至るまで、企業ネットワーク全体を仕事の対象にしている。企業ネットワークにはデータ通信と音声通信があるが、これらを統合するのが企業ネットワーク構築の基本だ。1980年代後半はTDM（時分割多重化）装置、1990年代はフレームリレーとATM（非同期転送モード）、2000年代に入るとIPでデータと音声を統合した。

インターネット時代以降、つまり1990年代後半以降にネットワークエンジニアになった技術者は、IPさえ分かっていれば企業ネットワークを構築できると思っているかもしれない。しかし、IPだけで企業ネットワークは作れない。「アナログ電話」が半永久的に必要なのだ。アナログ電話を知らないネットワークエンジニアに企業ネットワーク全体の構築はできない。

たとえば、筆者が運用している2000店舗を超える多店舗ネットワークでは5000台以上のアナログ電話やファクシミリ（FAX）が使われている。現在はISDNが多いものの、NTTグループの「ひかり電話」へとシフトしつつある。ISDNもひかり電話も回線自体はデジタルだが端末は「アナログ」なのだ。

アナログ電話とは?

そもそもアナログ電話とはどのようなものなのか、その仕組みを簡略に示したのが図4-5-1だ。

図4-5-1 アナログ電話の仕組み

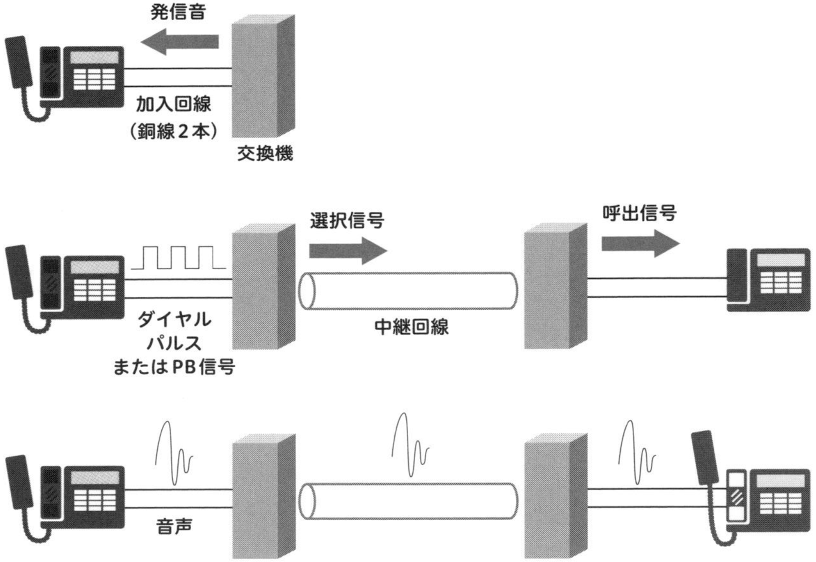

アナログ電話は銅線2本で交換機と接続されている。受話器を上げると電話機内部のスイッチが閉じて交換機と電話機の間に回路ができる。そして交換機から電話機に「ツー」という発信音が流れる(図の上段)。

相手の電話番号を入力すると、ダイヤル信号またはPB(プッシュボタン）信号で、電話番号を交換機に送る。ダイヤル信号はパルスの形をしているが、電流を短時間切断するとそれが1個のパルスになる。「3」というボタンを押すと3回連続して電流が切断される。

PB信号では、周波数の異なる2つの音の組み合わせで0から9までの数字を表す。「3」というボタンを押すとそれを表す音の組み合わせを送出する。

電話番号を受信した交換機は、中継回線を介して選択信号を相手側交換機に送る。相手側交換機は着信すべき電話機の呼び出し音を鳴らす（図の中段）。

相手が受話器を上げると発信側と受信側の回路がつながり、アナログ音声が流れ始める（図の下段）。

糸電話は音声（空気の振動）を糸の振動として相手に伝える。アナログ電話は空気の振動を電流の強弱として相手に伝える。原理は糸電話と同じであり、電流というアナログ信号自体が音声を表している。デジタルでもないし、いわんやIPパケットは関係ない。

フレッツのホームゲートウェイはアナログ電話しかつながらない

NTTグループの「ひかり電話」では電話機の接続やつながり方はどうなるのか、図4-5-2、図4-5-3、図4-5-4に示す。

家庭や店舗、中小規模のオフィスでひかり電話を使うには「ホームゲートウェイ」や「オフィスゲートウェイ」が必要だ。ホームゲートウェイには電話機やFAXを接続する電話ポートがある。電話ポートにはアナログ電話しか接続できない。

図4-5-2においてホームゲートウェイは電話機に対して図4-5-1の交換機の役割を果たす。電話ポートのコネクターはRJ11で銅線が2本内蔵されている。受話器を上げるとホームゲートウェイから電話機へ通話音を送出する。

図4-5-2 フレッツ　ひかり電話におけるアナログ電話①

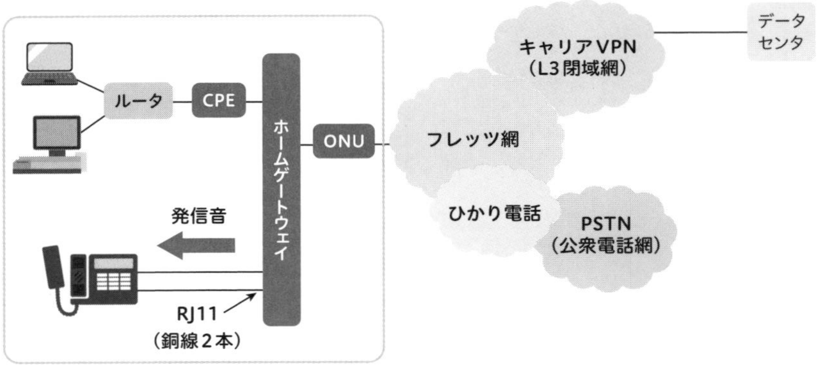

ダイヤルはPB信号を使う。電話番号を受け取ったホームゲートウェイは呼制御プロトコルである「SIP」(Session Initiation Protocol)を使って呼接続要求 (Call Request) をひかり電話網 (網内のSIPサーバ) に送る。ひかり電話網は公衆電話網に選択信号を送り、公衆電話網の交換機が相手電話機の呼び出し音を鳴らす (図4-5-3)。

図4-5-3 フレッツ　ひかり電話におけるアナログ電話②

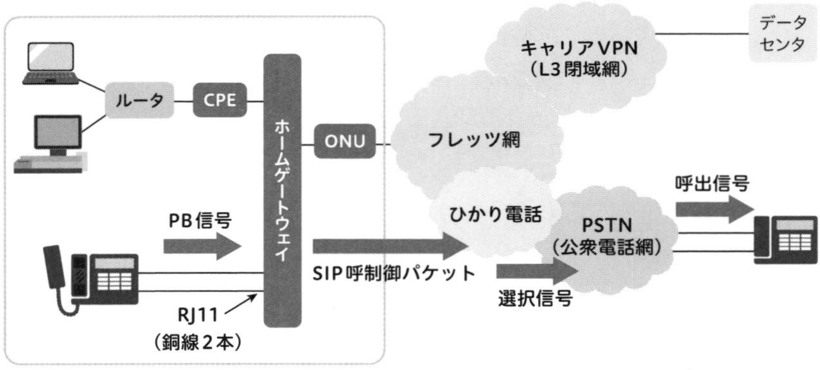

相手が受話器を上げるとセッションが確立し、音声パケットとアナログ音声が双方向に流れ始める。電話機から送られたアナログ音声はホームゲートウェイがデジタル化し、パケットに格納する（図4-5-4）。

図4-5-4 フレッツ　ひかり電話におけるアナログ電話③

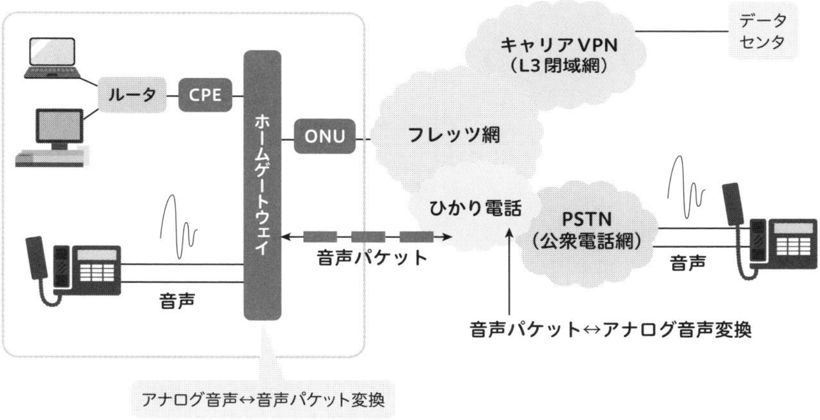

アナログ電話は音声を電流の強弱で表すが、デジタル音声は音声の強弱を数値化する。ひかり電話ではG.711という方式を使っており、1秒間に8000回音声の振幅を測定し、256段階、つまり8bitで数値化する。8bit×8000回／秒なので64kbit／秒で1秒間の音声がデジタル化される。音声パケットには20ミリ秒分のデジタル音声が格納されるので、1秒間に50個のパケットが送出されることになる。

音声パケットはひかり電話網から公衆電話網に渡される際にアナログ音声に変換される。

アナログ電話の柔軟性

アナログ電話は接続の柔軟性に特徴がある。ホームゲートウェイの電話ポートに接続されるのは電話やFAXだけではなく、図4-5-5のように複合機や警備端末も接続できる。

図の複合機はIN、OUTの2つのインタフェースを持っており、ホームゲートウェイの1本の電話ポートに複合機と電話機を直列につなぐことができる。1本の電話ポートで通信できるのは1端末だけだが、複合機と電話で1本の回線を簡単に共有できるのだ。

図4-5-5 変幻自在なアナログ端末の接続

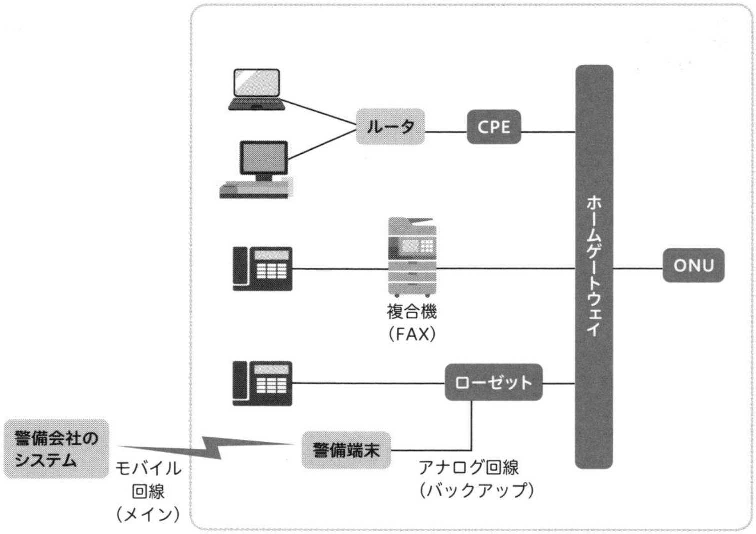

電話ポートに分岐用のローゼットを付けて電話機と警備端末でポートを共有することもできる。警備端末は通常モバイル回線で警備会社のシステムと通信するが、バックアップとして電話回線を使うことが多い。

アナログ電話が半永久的に残る理由

冒頭に書いたようにアナログ電話は30年たっても使われているだろう。電話をかけるという用途だけならアナログ電話の機能で十分であること、仕組みが簡単で安価であること、広大な工場やデパートでは既存のアナログ配線をそのまま使えること、がその理由である。

古いということだけで、その技術や製品を捨てる理由にはならない。古くても利用価値のある用途がある限り、それを上手に生かすのがネットワークエンジニアの腕の見せどころだ。

4-6

Windows Updateで大渋滞のフレッツ網、自衛策は？

2019年8月29日午前、Windows Updateに起因するフレッツ網の輻輳（ふくそう）で、企業ネットワークは端末のタイムアウトなど大きな被害に遭った。このような場合、輻輳が収まるのを待ち続ける以外に対策はないのだろうか。

2019年8月29日の出社直後、筆者が運用する2000拠点を超える流通業のネットワークでは、ヘルプデスクがパンク状態になった。ネットワークが遅い、端末が落ちるといった申告が全国の店舗から殺到したからだ。このネットワークではバックボーンとしてキャリアのVPN（閉域網）を、店舗のアクセス回線としてNTTグループの「フレッツ 光ネクスト」を使っている。

監視センターから連絡を受けたとき、障害の範囲が広いこと、ネットワーク機器に異常がないことから、Windows Updateのトラフィックで輻輳が起きているのだろうと推定した。

それにしてもこの日の障害はこれまでに経験したことのないひどいものだった。かなりの店舗で電子マネーやクレジットカード認証の業務がタイムアウトで使えなかったのだ。障害時間も長い。8時45分ごろから始まり12時ごろまで3時間以上続いた。もっとも深刻だったのは10時前後だった。

確かにフレッツはベストエフォートのサービスだ。速度が保証されているわけではない。しかし、遅いことは許されてもタイムアウトで

「使えない」ことが許されるのだろうか、と憤りを感じた。ユーザーに自衛策があればよいのだが。

なぜ輻輳が起こるのか

そもそもこのような輻輳に起因する障害がなぜ起こるのだろう。図4-6-1のようにフレッツはインターネットサービスプロバイダー(ISP)やキャリアのVPNサービスのアクセス回線として使われている。フレッツ網と、ISPやキャリアとの接続は都道府県単位で行われている。接続方式にはIPv4 PPPoE (Point to Point Protocol over Ethernet) 方式とIPv6 IPoE (IP over Ethernet) 方式がある。現時点ではIPv4 PPPoE方式の方が多い。

図4-6-1 フレッツの網終端装置での輻輳

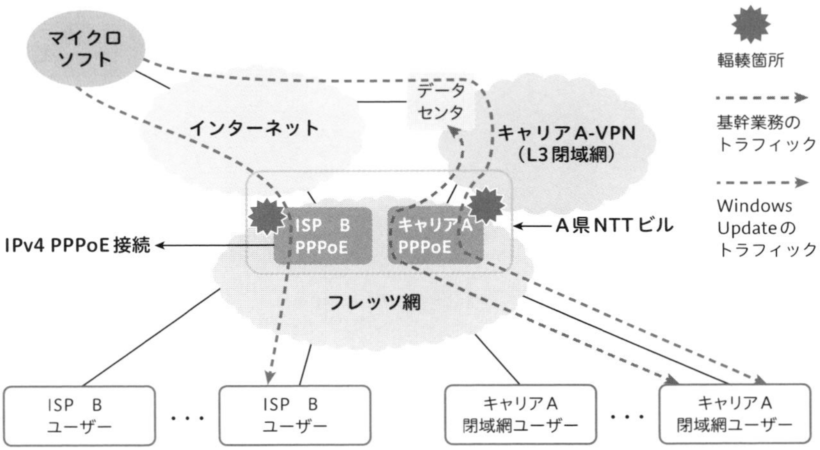

フレッツ網のPPPoE網終端装置は図4-6-1のようにISPごと、キャリアごとに分かれている。そのためキャリアの網終端装置にインターネットからWindows Updateのトラフィックが直接流れ込んでくる

ことはない。

しかし、多くの企業が収容されるキャリアの網終端装置には企業のデータセンターなどを経由したWindows Updateのトラフィックが集中するので輻輳が起きるのだ。これが筆者の運用するネットワークで輻輳が起きた原因だと思われる。

インターネットからのトラフィックが拠点のアクセス回線の帯域を消費して他の業務に影響を与えないようにする方法としてローカルブレークアウトが知られている。しかし、今回の場合、図4-6-2のようにPPPoEでローカルブレークアウトを適用して拠点のWindows Updateのトラフィックと基幹業務のトラフィックを分けても意味がない。基幹業務の通信が輻輳している網終端装置を通っているからだ。

図4-6-2 PPPoEでローカルブレークアウトしても無意味

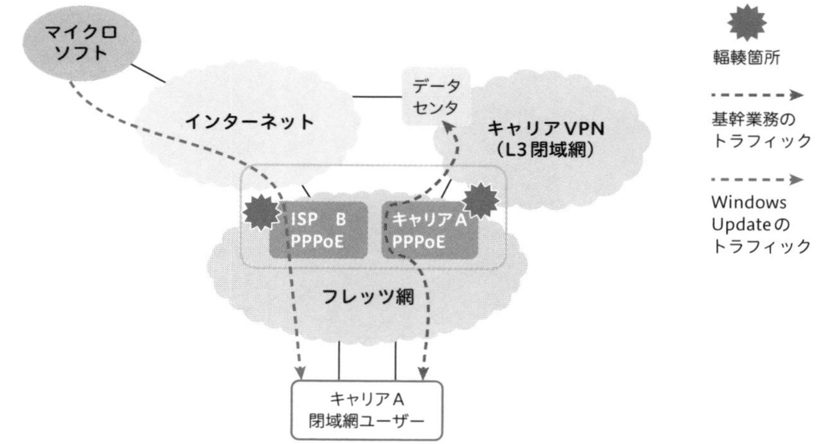

IPoEの拠点は輻輳の影響がほとんどない

一方、IPv6 IPoE（以下、IPoE）による接続は輻輳対策として有効だと分かった。筆者が運用するネットワークでもまだ大部分の拠点はPPPoEを使っているが、IPoEの拠点もある。NTT東日本エリアとNTT西日本エリア、それぞれで数拠点、障害時間中に疎通が取れていたかどうかを確認した。監視センターは全拠点に対し、一定周期でpingを打って疎通の有無を監視している。IPoEの拠点ではping落ち（通信断）はなかったことが分かった。

ただし、全く影響がなかったわけではない。拠点のユーザーにヒアリングすると通信が遅いといった不具合はあったことが分かった。

IPv6 IPoE方式で輻輳が起きにくいのは図4-6-3のようにトラフィックがPPPoE網終端装置を経由しないからだ。

図4-6-3 IPoEは輻輳対策としてある程度効果あり

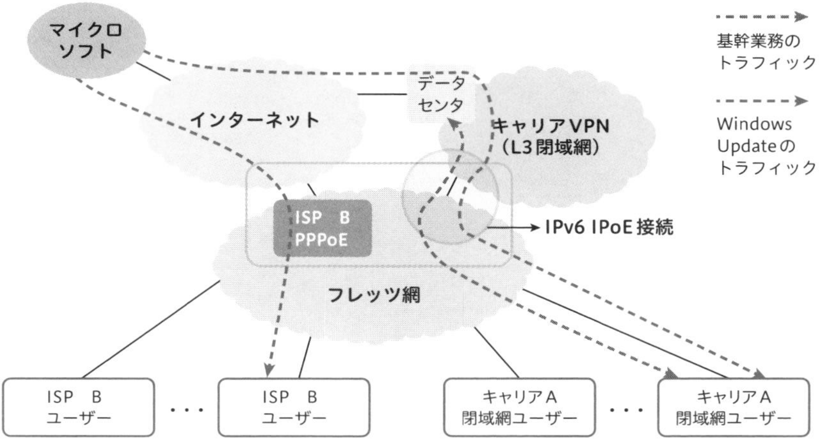

どうやって重要通信を守るか

電子マネーやクレジットカード認証という顧客サービスとして重要な業務がWindows Updateのために使えなくなることがある。これは重大な問題だ。その対策の一例として図4-6-4のような構成が考えられる。

キャリアVPNとフレッツの接続は輻輳を起こしにくいIPv6 IPoEを用いる。普段は基幹業務のトラフィックもインターネットのトラフィックもフレッツを使う。万一フレッツが輻輳した場合はポリシーベースルーティングを使って重要通信だけを閉域モバイル網側に迂回(うかい)させる。

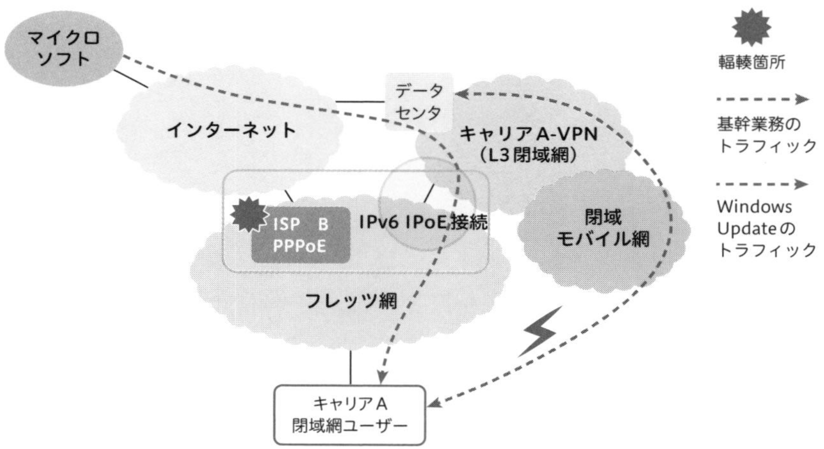

図4-6-4 閉域モバイル網による重要通信のバックアップ

モバイル網自体がWindows Updateで輻輳したのでは対策にならないが、Windows Updateのような大量にパケットを消費する業務をモバイルで行うユーザーはほとんどいないだろうから、モバイル網自体の輻輳が起こる可能性は低いと考えられる。

今回はWindows Updateによる輻輳障害に対する自衛策について述べた。しかし、冒頭に書いたようにそもそもベストエフォートだからといって「使えない」ことが許されるとは思えない。ユーザーが自衛策を考える必要などないよう、NTT東西がWindows Updateに耐えられるだけの設備を用意するのが本来の在り方だ。

4-7 ISDNの終わり方に「3択」あり、あなたはどれを選ぶ？

1988年から30年以上、企業ネットワークで大事な役割をはたしてきたISDN（INSネット）が2024年にサービス終了を迎える。2020年現在で考えるとまだ4年あるともいえる。だが、1000拠点を超えるような多拠点ネットワークでは、今からその終わり方を考えても早過ぎることはない。

どのようなスケジュールで何が行われるのか

すでによく知られていることではあるが、NTT東日本／西日本がISDN終了をどのようなスケジュールで進め、何をするのか復習しておこう。NTTの用語では「固定電話」の中に「加入電話」と「INSネット」（ISDN）が含まれる。これらが廃止され、「メタルIP電話」として提供されるようになる。理由は図4-7-1にあるように回線交換で電話を中継するPSTN（公衆電話交換網）の設備が老朽化し、保守できなくなるからだ。回線交換に代わってIPで中継するIP網へ移行する。

図4-7-1 固定電話のIP網への移行スケジュール

・PSTNの中継・信号交換機等は、維持限界を迎えるものが発生するため、それまでにIP網への切り替えを完了
・「固定電話」発信の通話のIP網経由への切り替えは、2024年1月より開始
・「固定電話」の切り替え開始時に、加入電話・INSネットの契約を一斉に引き継ぎ、新たな料金を適用

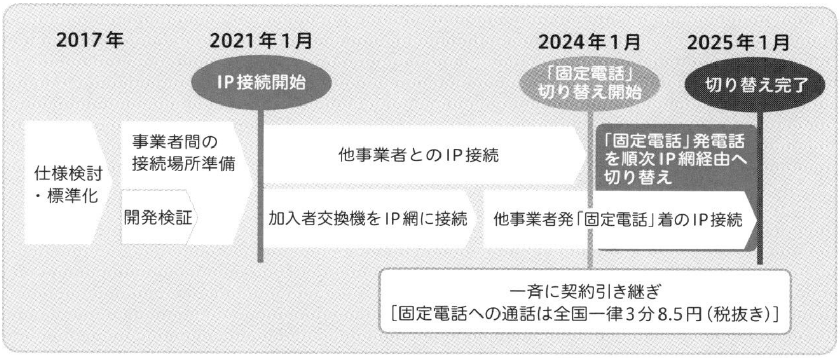

(2017年10月17日　NTT東西発表「固定電話のIP電話への移行後のサービス及び移行スケジュールについて」より)

2021年1月からNTTの電話網とKDDIやソフトバンクなど、他の電話会社との接続をPSTN接続からIP接続に切り替える作業が始まる。2024年1月からは固定電話をIP網へ収容する作業が始まり、2025年1月に完了する。作業の概要は図4-7-2のとおりだ。

図4-7-2 PSTNからIP網への移行

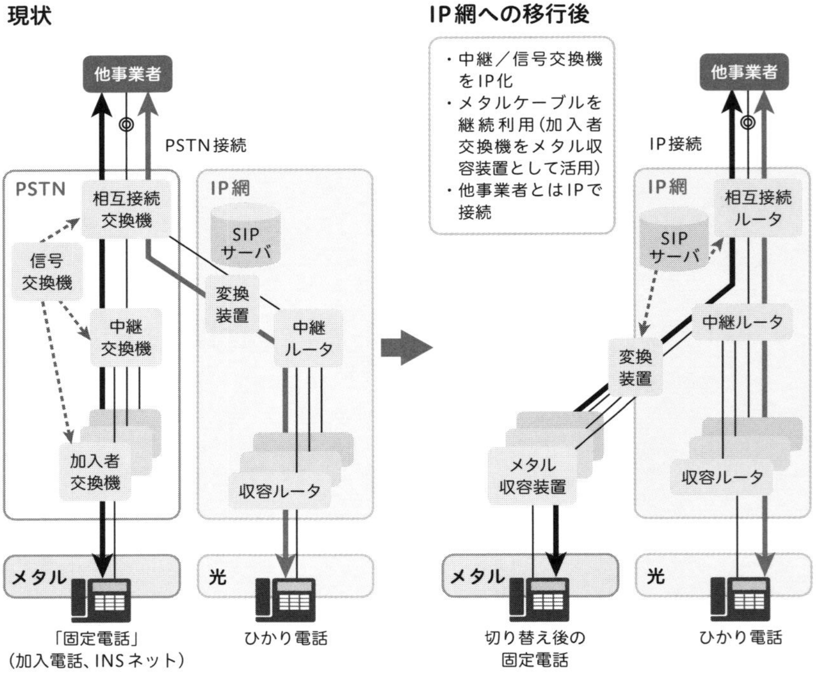

(2017年10月17日　NTT東西発表「固定電話のIP電話への移行後のサービス及び移行スケジュールについて」より)

固定電話のうち加入電話はアナログ回線で電話局の加入者交換機に接続されており、INSネットはISDN回線で接続されている。アナログ回線は一対の回線で1番号1通話の電話にしか対応していないが、ISDNはデジタル化されており、一対の回線で2番号2通話が利用できる。

IP網へ移行後も加入者交換機はメタル収容装置として使われる。固定電話はPSTN音声をIP音声に変換する変換装置を介してIP網へ接続される。これがメタルIP電話である。

なお、ひかり電話を収容する光回線は「フレッツ 光ネクスト」でありフレッツ網が使われている。

3通りの対応策は何が違うのか？

ISDNがメタルIP電話に移行する際に、多拠点ネットワークのユーザーがどう対処するか、基本的に3種類の対応策がある。「何もしない」「ひかり電話への移行」「非固定電話への移行」だ。

図4-7-3は典型的な多拠点ネットワークの構成である。データ通信はフレッツ 光ネクストを利用し、電話とファクシミリ（FAX）は別番号でISDNを使っている。

図4-7-3 多拠点ネットワークの典型的構成

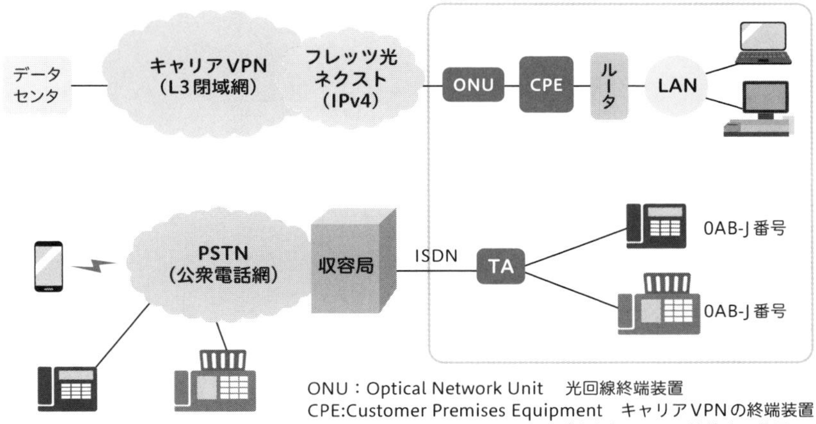

ONU：Optical Network Unit　光回線終端装置
CPE:Customer Premises Equipment　キャリアVPNの終端装置
TA：Terminal Adapter　アナログ端末をISDNに接続する装置

一番安直な対応策は図4-7-4のように「何もしない」ことだ。拠点のメタル回線やTA、電話機やFAXといった端末もそのままで、電話とFAXを使い続けることができる。何もしないので移行の費用はかからない。これがメリットだ。デメリットはISDNの月額3530円（税別、以下同じ）という高額な基本料金を払い続けねばならないことである。1000拠点あると月額353万円、年間4236万円という大きな金額になる。

図4-7-4 何もしない場合

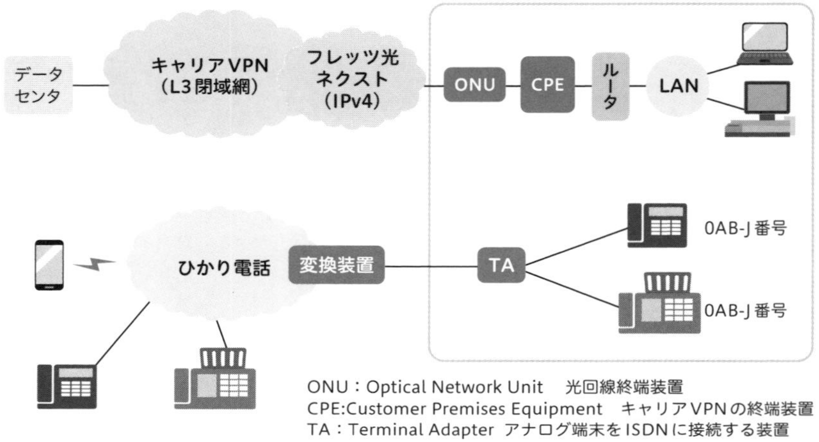

2番目の対応策はひかり電話へ移行することだ（図4-7-5）。「フレッツ 光ネクスト」にホームゲートウェイを付け、データ通信用のCPEをLANポートに接続し、電話／FAXを電話ポートに接続する。電話やFAXの電話番号は変わらず、そのまま移行できる。

図4-7-5 ひかり電話への移行

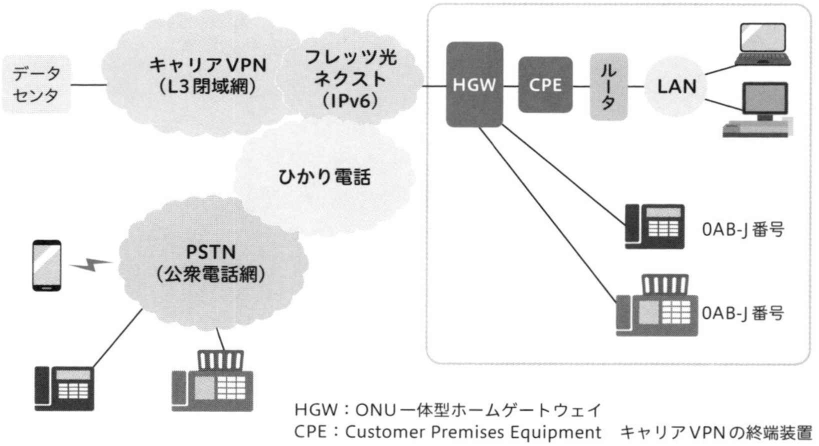

ひかり電話へ移行するメリットは基本料金を大きく削減できることだ。「フレッツ 光ネクスト」でひかり電話を使う場合の基本料金は月額500円で済む。ISDNの基本料3530円が500円になるので、1拠点当たり3030円、1000拠点だと月額303万円、年額3636万円節減できる。

デメリットは移行工事の費用が必要であること。だが、3年以内で余裕を持って回収できる。その後は削減効果だけを享受できる。

せっかく移行の手間をかけるのであれば、同時にIPv4で使っていたデータ通信をIPv6に移行するとよい。キャリアVPNとの接続にPPPoE（Point to Point Protocol over Ethernet）を使うIPv4からIPoE（IP over Ethernet）を使うIPv6に変更することで、Windows Updateなどによるフレッツ網の輻輳（ふくそう）の影響を軽減できるからだ（4-6参照）。「フレッツ 光ネクスト」のIPv6オプションは無料なので月額費用は増えない。

ISDNから移行する際に付加価値の高いコミュニケーションサービスを狙おう

3番目の対応策は非固定電話への移行だ。最大の狙いはISDNの高い基本料をなくすことだが、それだけでなく、削減した費用を使って電話／FAXに加えてビデオ会議やビジネスチャットといった付加価値の高いコミュニケーションサービスを実現しやすい。

ただし、図4-7-6のように電話機としてLANに接続できるIP電話機が必要だ。FAXは使えない。ひかり電話と違ってIP網内でパケットの遅延を抑制したり、帯域を確保したりする仕組みがないため、みなし音声で伝送してもFAXが送受できる保証がないからだ。

スマートフォンではコミュニケーションサービスのアプリケーションを使うことで、内線電話やビデオ会議を実現できる。

図4-7-6 非固定電話への移行

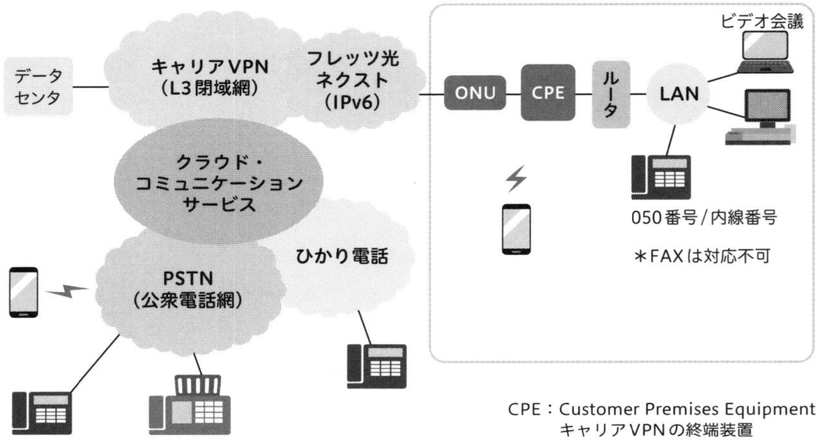

ISDNの終了は企業ネットワークを見直す契機である。何もしないという消極的な対応もあれば、非固定電話への移行という積極案もある。5年先、10年先までを見据えたネットワーク高度化のプランを提案して、ネットワークエンジニアの存在価値を発揮したいものだ。

Chapter 5

ロボットとAIの活用

コミュニケーションロボット＋クラウド型AIでサービスを創ろう

「コミュニケーションロボット」とは、音声認識機能やカメラ、センサーなどを備えた小型ロボットのことだ。音声を用いたリクエストに応えてニュースや天気予報を伝えたり、簡単な会話の相手になったりする。

コミュニケーションロボットとクラウド型AI、クラウドサービスをネットワークで連携させると、独居老人の見守りサービスや店舗における商品説明など、これまでにないUX (User eXperience) を実現するサービスを簡単に創出できる。

コミュニケーションロボットの利用は、今まさに家庭や企業に広がり始めている。図5-1-1は高島屋新宿店9階のロボティクス スタジオで販売されているヴイストンの「Sota」である。高さ28センチでクラウドによる音声認識、合成を使うロボットだ。価格は約15万円である。ロボティクス スタジオには手のひらサイズのものから、高さ60センチ程度のものまで約20種類のロボットが展示されている。その多くがコミュニケーションロボットだ。

図5-1-2は2018年1月に東京ビッグサイトで開催された第2回ロボデックス展に展示されたスマートロボティクスの「NAO」である。高さ約60センチ、価格は約120万円という高級機で用途はイベントの集客やプロモーション、変わったところでは認知症患者のリハビリ、などである。

このように家庭で使える手軽なものから、企業向けの高性能なものまでコミュニケーションロボットは実用段階を迎えている。

図5-1-1 ヴイストンの「Sota」

図5-1-2 スマートロボティクスの「NAO」

コミュニケーションロボットとAIスピーカーの違い

コミュニケーションロボットに「天気予報を教えて」と言うと天気予報を、「ニュース」と言えばニュースをしゃべる。AIスピーカーと似ているではないか。コミュニケーションロボットとAIスピーカーの違いは何だろう？　それはUI (User Interface) とUXの違いである。

コミュニケーションロボットは新しいUIだ。PCやスマートフォン、AIスピーカーはユーザーがサービスを使うためのインタフェースである。これらのUIが機能本位で無機的であるのに対し、コミュニケーションロボットは親しみを持てる姿かたちで、表情や動きを備えており、高齢者や子供でも近づきやすい。音声やボタンで簡単に操作できるので、キーボードやマウスが使えなくても大丈夫だ。

単にサービスを使えるだけでなく、ロボットとのコミュニケーションを通じて、一人住まいのお年寄りの孤独感をやわらげることもできる。スマートフォンやAIスピーカーでは得られないUXがコミュニケーションロボットの価値なのだ。

たとえば後ほど紹介するお年寄りの見守りサービスは、監視カメラとAIスピーカーの組合せでも実現できる。しかし、お年寄りに限らず人間は監視されプライバシーが侵されることを嫌う。コミュニケーションロボットならそんな不快感を与えることなく、コミュニケーションを通じてやさしい見守りができる。

表5-1-1は、コミュニケーションロボットの主な用途と使われる機能要素である。発話はテキストを基に発声する機能で、会話は相手の発言の意味を理解して適切な答えを返す機能だ。コミュニケーションロボットを活用するには、実現したいサービスに応じて必要な機能を備えたものを選択する。

表5-1-1 コミュニケーションロボットの用途と機能要素

用途	目的	音声認識	発話	会話	顔認証	通信	センサー	クラウド連携
見守り	一人住まいの高齢者の見守りとコミュニケーションの活性化	●	●	●	●	●	●	●
プレゼン	商品の紹介、売場誘導など		●	●				
受付	受付での案内や取次			●		●	●	
ヘルスケア	会話を通じてヘルスチェック			●	●			●
研修	プログラミングや言語等の研修	●	●	●				

●：使用する機能要素

サービスを実現するアプリケーションソフトの開発のしやすさも、

ロボットの選択をする上で重要だ。たとえばNECプラットフォームズの「PaPeRo i」は、アプリ開発のためのさまざまなAPIを用意している。そのうちの1つ「顔検知」APIはロボットの前に人が来たら検知し、それをトリガーに発話してサービスを始めるためのAPIだ。AIスピーカーではウェイクワード（Wake Word）で呼び掛けないとサービスが始まらない。顔検知を使えば声を掛けたり、ボタンを押したりしなくてもサービスが始まる。このようなAPIを活用することで、サービスをごく短期間に開発できる。

コミュニケーションロボットの活用事例

筆者が使っているPaPeRo iを例に、コミュニケーションロボットによるサービスの実際を紹介しよう。図5-1-3にPaPeRo iの外観と基本仕様を示す。

図5-1-3 PaPeRo iの基本仕様

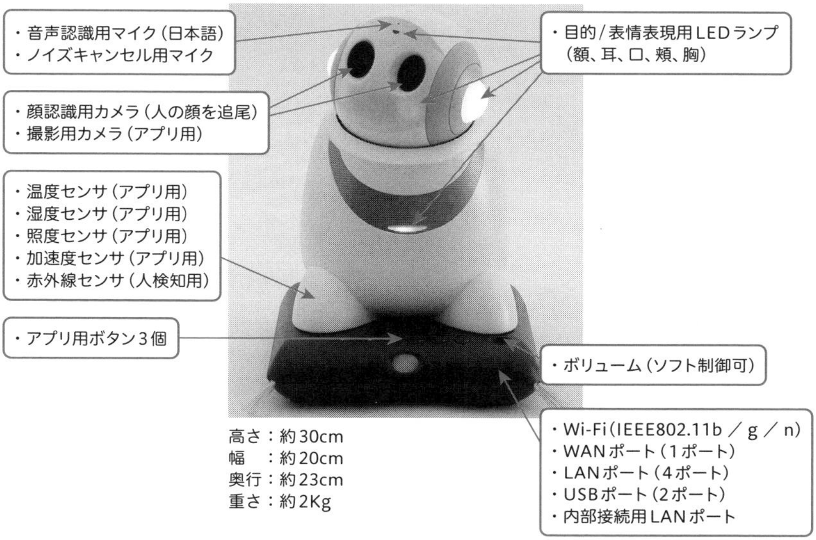

座布団に乗った据え置き型であり、動くのは頭だけである。うなずいたり、首を回したりできる。右目は顔認識用のカメラ、左目は撮影用のカメラだ。アプリケーションから使える数種類のセンサーや複数のボタン、表情を表すLEDランプを持っている。身長に対する頭部の比率は3分の1である。開発者によれば、これは赤ちゃんと同じ比率で、見た人にかわいらしい印象を与えるのだという。簡易な音声認識や音声合成（テキスト読み上げ）機能がある。

図5-1-4はPaPeRo iの背面のカバーを外した写真である。内蔵拡張シャーシがあり、ここにRaspberry PiやArduinoなどのボードコンピュータを組み込んで使用できる。本体との接続には内部接続LANポートを使用する。現在、多くのサービスではRaspberry Pi上で動作するアプリを作成し、そのアプリから本体のAPIを使うという構成で作られている。本体だけでアプリを作成するより拡張性が高いためである。

図5-1-4 PaPeRo iの内蔵拡張シャーシ

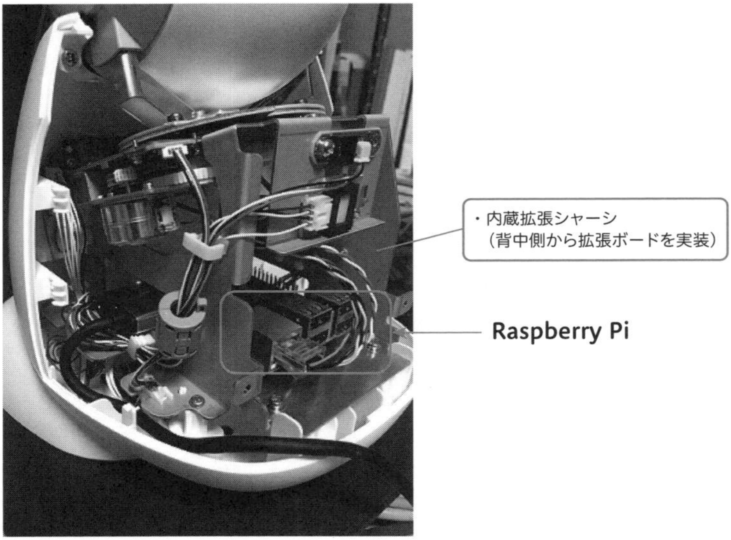

このPaPeRo iを使った一人住まいの高齢者の見守りサービスが図5-1-5である。一人住まいのお年寄りを離れたところに住む家族が見守るのが第一の目的である。加えて家族とお年寄りのコミュニケーションを活性化したり、ロボットが声を掛けたりすることでお年寄りの孤独感をやわらげ、生活に楽しさを提供するのが第二の目的だ。

図5-1-5 PaPeRo iによる見守りサービス

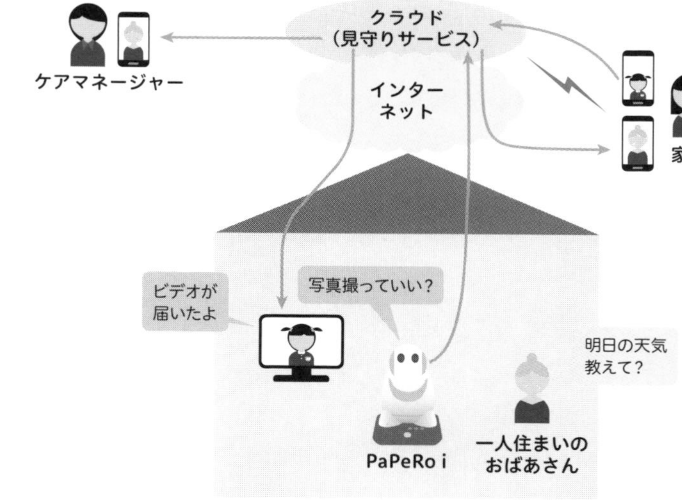

構成はPaPeRo iとSNS機能を持つ見守りサービスクラウド、PaPeRo iに話し掛けた音声を認識するクラウド型AI、PaPeRo i内蔵のRaspberry Pi、Raspberry PiのHDMIポートに接続したディスプレイだ。

「見守り」、「コミュニケーション」、「おしゃべり機能」をはじめ12種類のメニューがある。見守りサービスは毎日、朝昼夕方の3回、お年寄りがPaPeRo iの前に来たときに働く。PaPeRo iがあいさつして、「写真撮っていい？」と問い掛ける。お年寄りが了承すると写真を撮ってクラウド（見守りサービス）に送る。そうでない場合は「忙しいみたいです」というメッセージを送る。家族はスマートフォンやPCでいつでも、送られた写真やメッセージを確認できる。見守りは家族である必要がない。ケアマネジャーやご近所の人など、見守りに協力する方を最大20人まで登録できる。

コミュニケーションサービスは、高齢者と家族の間でコミュニケーションの活性化を図るメニューである。見守りサービスクラウドの専用SNS機能を使って、家族が撮った写真やビデオを送ったり、高齢者の音声メッセージを家族に送ったりできる。家族から写真やビデオが専用SNSで届くと、お年寄りがPaPeRo iの前に来たときに「写真（ビデオ）が届いたよ」と声を掛けて写真（ビデオ）をディスプレイで表示（再生）する。高齢者の音声メッセージはテキストに変換して元の音声と一緒に家族のスマートフォンに送られる。テキストを読むだけでなく、再生ボタンをタップすれば音声を聞くことができる。

おしゃべり機能は高齢者がロボットと自由な会話をできる機能だ。「どこかに旅行に行きたい」とか「ほめて」とか何を話しかけても、それなりの返答をする。

この見守りサービスを使っている高齢者からは「家族とのコミュニケーションやロボットとのおしゃべりがいい気分転換になる」、家族からは「一人暮らしのお母さんの様子が見られて安心」といった声が寄せられている。コミュニケーションロボットの目的である価値のあるUXの提供という面で、ある程度成功しているようだ。

ネットワークエンジニアの役割

このプロジェクトにおいて、ネットワークエンジニアである筆者がはたしている役割はプロジェクトマネージャーである。このサービスは複数の要素をネットワークでつなぎ、広い意味でのコミュニケーションを実現するものだ。ネットワークエンジニアがまとめ役をするのは自然なことである。

これからのネットワークエンジニアは守備範囲を広げるべきだ。自分にスキルがないソフトウェアはそれが得意なパートナーに協働してもらえばよいだけのことだ。「ネットワークエンジニア」という名前で自分を狭く定義せず、ネットワークの得意なプロジェクトマネージャーとして仕事の幅を広げよう。

コミュニケーションロボットの実証実験から学ぶ効果的なサービスの設計

より効果的なコミュニケーションを実現する仕組みを作ることはネットワークエンジニアの大事な仕事だ。この節ではコミュケーションロボットを使ったサービスの実証実験の結果を題材にコミュニケーションサービス設計の勘所について述べたい。

前節で解説したコミュニケーションロボットPaPeRo iを使った見守りサービス（「みまもり パペロ」）の実証実験が、愛媛県西条市で2018年7月から9月までの3カ月間行われた。このサービスの目的は独り住まいの高齢者と離れて暮らす家族の間で、利用しやすく効果的なコミュニケーションサービスによって「楽しい見守り」を実現することだ。

この実証実験の結果が2018年11月8日に西条市とNECから同時に報道発表された。以下、実証実験の結果を分析するとともに、コミュニケーションロボットを活用して効果的なサービスを設計するポイントについて述べる。

「みまもり パペロ」の実証実験結果

このプロジェクトでは、高齢者とその家族にサービスを提供する主体は西条市であり、NECはサービス実現のためのロボットを含むソリューションを西条市に提供する立場だ。筆者はソリューション側のプロジェクトマネージャーである。2017年7月の松山市での講演以来、サービスの提案から実証実験のサポート、インタビューや報告書作成など、「走りながらアイデアを考え実行する」プロマネを務めている。

実証実験は西条市内に住む独居高齢者と市外に住むその家族、10組を対象に行われた。以下で紹介する結果は西条市とNECから公開された範囲のものである。

図5-2-1はサービスの内容（黒字）と各サービスの利用統計（青字）をまとめたものだ。

図5-2-1 コミュニケーションロボットを活用した見守りサービス（2018年9月時点）

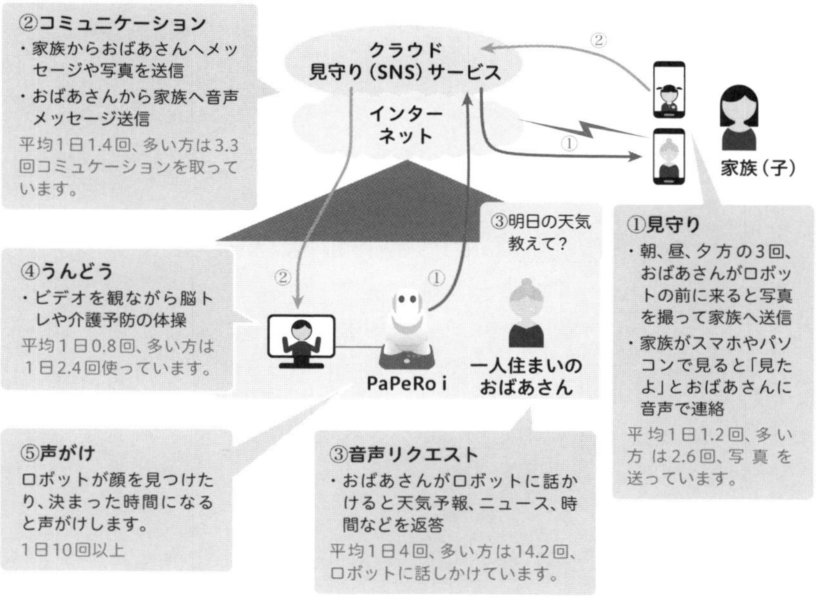

＊声がけ（豆知識やなぞなぞ）の回数は推定です．

①の「見守り」が最も重要なサービスで、朝昼夕の3回、高齢者がロボットの前に来ると写真を撮ってよいかどうか確認したうえで撮影

し、クラウドを介して家族に送信する。家族はスマホやPCで好きな時に確認でき、元気な様子が写真で分かるのが好評であった。家族が写真を見ると、ロボットが「何時何分に○○さんが写真を見たよ」と高齢者に音声で知らせる。声を交わすわけではないが、ロボットを介して高齢者と家族の間にコミュニケーションが生まれるのだ。

高齢者がロボットの前に来たのに撮影に応じないと「忙しいみたいだよ」というメッセージだけが家族に送られる。長時間、ロボットの前に来ないと「お留守みたいだよ」というメッセージが送られる。

②の「コミュニケーション」は家族から高齢者へのメッセージ（テキストで送るとロボットが音声に変換して伝える）、イメージ、ビデオの送信に加え、高齢者から家族への音声メッセージの送信ができるメニューだ。多い方は1日3回以上使っている。

③の「音声リクエスト」は高齢者がロボットに声をかけて天気予報やニュース、豆知識などを教えてもらうメニューだ。この利用が予想以上に多く、平均1日4回、多い方は14回以上ロボットに話しかけていた。

④の「うんどう」はプロジェクトを走らせながら考えたアイデアの1つで、実験開始1カ月後に追加したものだ。「あたまのうんどう」「からだのうんどう」「おくちのうんどう」という3種類のビデオがあり、たとえばロボットに「あたまのうんどう」というとそのビデオが始まる。見守りという受動的なサービスだけでなく、高齢者が自発的に取り組めるメニューが喜ばれるのではないかと考えたからだ。予想どおりほぼ毎日使っていただけた。

⑤の「声がけ」は高齢者がロボットの前に来たときや決まった時間になったときに、なぞなぞや豆知識、俳句などを話しかけるものだ。

もくろみどおりの評価に加え、予想外の評価も

これらのサービスを利用した高齢者や家族の主な評価を図5-2-2、図5-2-3、図5-2-4に示す。

図5-2-2 高齢者への質問「このサービスでご家族とのコミュニケーションは以前より良くなりましたか？」

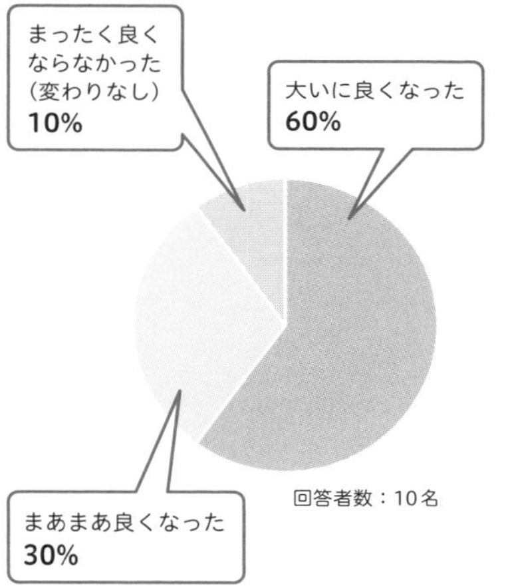

【大いに良くなった】
【まあまあ良くなった】 **90%**

- ✓ 電話で話すより顔が見えるので嬉しいです。
- ✓ お嫁さんの優しいメッセージと写真に感動！
- ✓ ロボットの事で話題が多くなった。その中で他の話をすることも多くなった。
- ✓ 写真が送られてくると嬉しい。
- ✓ 伝言や写真でこちらの様子をすぐに伝えられる。

【まったく良くならなかった（変わりなし）】

- ✓ 必要なことは以前から携帯で。 **10%**

図5-2-3 高齢者へのロボットに関する質問「ロボットの形や色はどう感じましたか？」「ロボットの声はどう感じましたか？」

ロボットの形や色はどう感じましたか？

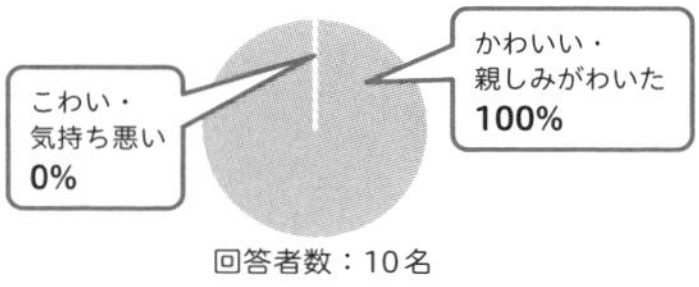

ロボットの声はどう感じましたか？

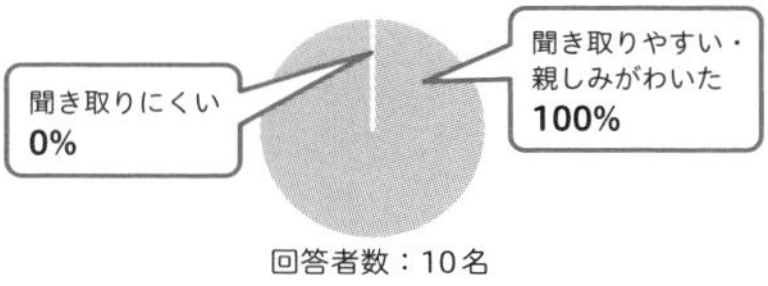

ロボットの機能や使い勝手について、ご感想・ご要望があればご自由にお書きください。

- ✓ 私の知らなかったことをいろいろと教えてくれてありがたかった。
- ✓ パペロが勝手に喋っているが、いつの間にか私も答えている。すごく癒される気がする。

- ✓ ロボットの事を忘れて用事をしているといきなり話しかけられてドキッとする事がある。

図5-2-4 ご家族への質問「本サービスはお役に立ちましたか？」

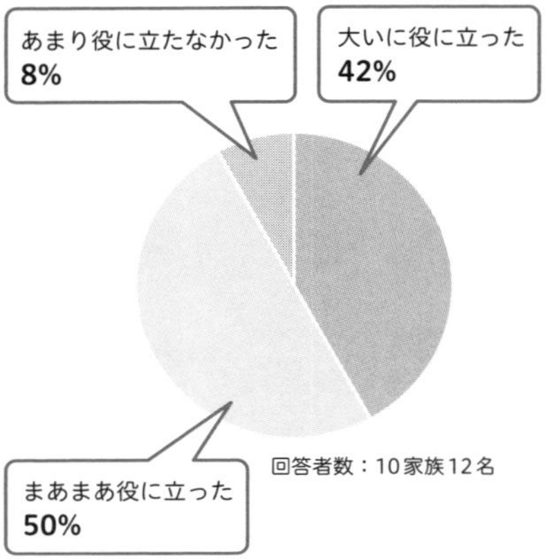

【大いに役に立った】
【まあまあ役に立った】 **92%**

- ✓ スマホやパソコンで好きな時に安否を確認できる。
- ✓ 時間を気にせず確認できる。
- ✓ 毎日写真が送られてくるので、元気な様子がわかる。
- ✓ 親の日常をチェックすることができ、写真やメッセージが無い時は「どうしたんだろう？」と気にかけるようになった。

高齢者は、家族の間のコミュニケーションが活性化して喜びを感じていること、ロボットの姿や声に親しみを感じていることが分かる。家族は時間を気にせずにスマホやPCで安否が確認でき、写真で様子が分かることに安心感を持っている。

ここでは紹介できないインタビューやアンケート、利用統計も踏まえて言えることは予想以上、というより「予想外」の効果があったことだ。予想以上とは想定していた効果が予想より大きかったという意味。予想外とは想定していなかった効果があったことである。全体としての効果をまとめたのが図5-2-5だ。

「見守りサービス」という名前のとおり、実証実験では高齢者や家族の安心安全を第一の目的としていた。想定どおり家族は安心への評価が高かった。しかし、高齢者は安心よりも家族とのコミュニケーションやロボットとの簡単な会話に喜びや楽しさ、孤独感の軽減を感じており、これらを高く評価している。うんどうビデオの利用も積極的であった。このサービスによって高齢者の生活が活性化され、健康寿命の延伸への好影響も期待できることが分かったのだ。

図5-2-5 安心・安全だけでなく健康寿命の延伸にも期待

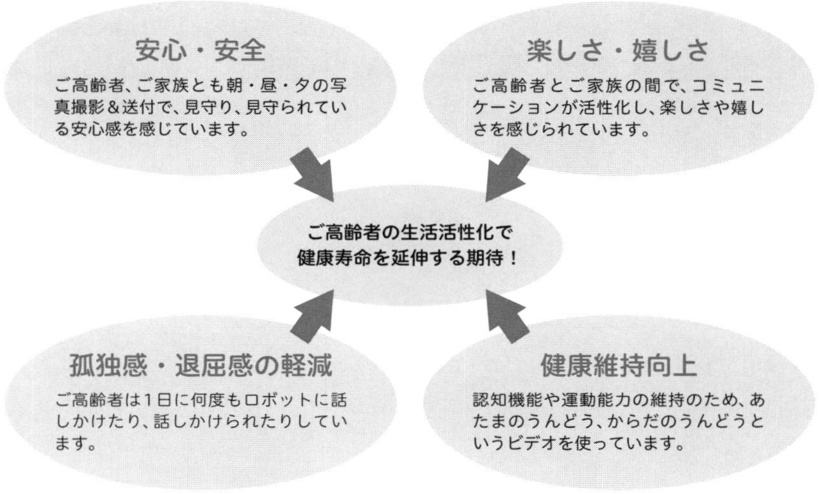

筆者は企業ネットワークの仕事に長く携わっているのだが、コミュニケーションロボットの仕事はこれまでの仕事とは大きく違うことに気付かされた。企業ネットワークの目的は企業の利益を増大させることだ。対して、コミュニケーションロボットの仕事は、人に喜んでもらうことが目的なのだ。

サービス設計には何が必要か

コミュニケーションロボットを使って人に喜びや楽しさを感じさせるサービスを作るうえでは図5-2-6のようなポイントがある。第一に親しみやすいこと。ロボットの外観や声、しぐさ、といったものが利用者に親しみやすいことがまず重要だ。高齢者や子どもが対象となる場合、使いやすさは不可欠だ。音声認識や簡単なボタン操作だけで済ませられるのがよい。

図5-2-6 コミュニケーションロボット活用のポイント

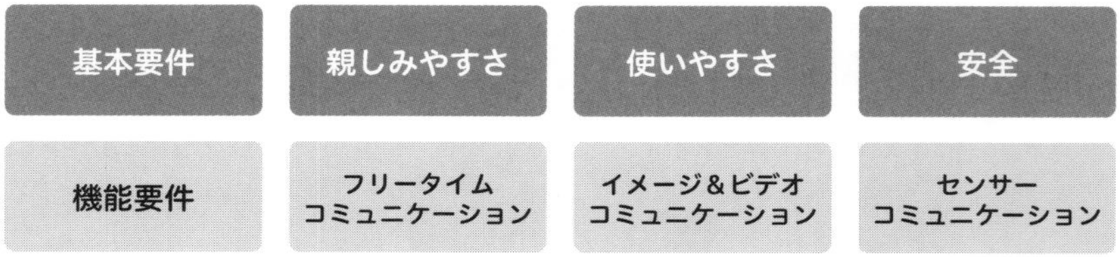

安全には物理的な安全とセキュリティ面の安全がある。PaPeRo iは身長約30センチで重さは約2キロしかない。万一、テーブルの上から足に落ちても大きなけがはしない。動くのは頭だけで、置いた場所に座ったままである。動き回るロボットはお年寄りがつまずく恐れがあるが、そんな心配も不要だ。

セキュリティ対策では、クラウドに登録した情報に外部からアクセスされないように保護し、家族間のプライベートなメッセージが外部に漏れないように設計している。クラウドは家族ごとに付与されるサービスIDが利用単位になる。サービスID配下のログインIDとパスワードを持ったメンバーしか、その家族のサービスは使えない。メンバーの追加と削除は家族のうち1人が特権のあるリーダーとなって実行する。

機能要件としてはフリータイムコミュニケーションが大事だ。電話のようなリアルタイムコミュニケーションは見守る側、見守られる側、双方の負担が大きい。好きな時に写真やメッセージを確認できる設計がよい。

イメージやビデオはコミュニケーションを豊かにするうえで不可欠だ。ロボットにはディスプレイとカメラが付いていないと始まらない。

上述のサービスの説明では触れなかったが、センサーをサブメニューで使っている。照度センサーや加速度センサー、人感センサーを使って、これらに変化があるとログとしてクラウドに記録している。見守る家族がログを見ると、昨夜何時ごろ部屋の明かりを消して就寝したか、といった生活の様子が分かる。朝昼夕の3回撮影する写真とともに、温度センサーで測った室温も通知される。夏場は熱中症予防に活用できる。

ICTの多くの仕事は企業の利益を増大させることが目的だが、筆者はコミュニケーションを通じて人を喜ばせることを目的とする仕事に利益目的よりやりがいを感じている。皆さんも高齢者を対象としたサービスに限らず、受付業務や商品説明などさまざまな分野でコミュニケーションロボットを使ったサービスを検討されてはどうだろう。

価値創造時代のプロジェクトマネジメントは「自在な発想」で楽しもう

今、ICTにはこれまでにないサービスを創出したり、ビジネスプロセスを革新的に変えたりする価値創造が求められている。価値創造を目的としたプロジェクトでは旧来のプロジェクトマネジメントにはない「自在な発想」が必要だ。この節では新しいプロジェクトマネジメントの在り方について述べる。

プロジェクトとは明確な目的を持ち、それを達成するための人の営みである。ICTに関わるプロジェクトだけでなく、世の中にはさまざまなプロジェクトがある。社会活動はプロジェクトの集合体だ、と言っても過言ではない。

ICTにおけるプロジェクトマネジメントは、時系列順に作業を表した「線表」(別名ガントチャート)、作業の細分化とコストや人員の配分を行う「WBS」(Work Breakdown Structure)、プロジェクトで見つかった課題を管理共有するための「課題管理表」が3種の神器ともいうべきツールだった。しかし、短期間で遂行する価値創造型のプロジェクトでは、従来のやり方はスピードや自在性に欠ける。

以下で線表やWBSに依存しない自在なプロジェクトマネジメントの例を2つ見てみよう。

「線表」がない「マイクログローバル」なプロジェクト

まず紹介するのは、2018年12月15日に日本科学未来館で開催した第49回情報化研究会でageet 代表取締役 岡崎昌人氏に講演していただいた内容だ。

ageetはソフトフォン専業の会社で、スマートフォンやゲートウェイなどさまざまなデバイスにIP電話機能を持たせることを得意としており、NTT東西やNECなどと幅広い仕事をしている。10人余りの社員のほとんどがソフトウェア技術者であり、営業マンがいないこと、社員の過半数が外国人だという特徴がある。

ageetの業務の流れは図5-3-1のようになっている。ここで使われているコラボレーションツールは以下のとおりだ。

AGEphone

ageetのソフトフォン。スマートフォン、PCなどで利用でき、世界のどこにいても内線電話や電話会議ができる。外線への発信も可能。

Slack

チャンネルと呼ばれるテーマ別のチャットルームでプロジェクトメンバーがあたかも対面しているように会話したり、さまざまな情報を共有したりできる。botを使った作業の自動化を組み込むこともできるビジネスチャット。

Zoom

3-1などで紹介したクラウド型テレビ会議サービス。PCやスマートフォンで簡単に利用でき、高音質、高画質なテレビ会議ができる。1対1の会議は無償で時間無制限に利用できる。

Trello

トヨタのカンバン方式を参考に作られたタスク管理ツール。掲示板にタスクが付箋のように表示され、タスクをドラッグ&ドロップすることで担当者への割り当てやタスクの進捗（しんちょく）を表す。

Jira

バグトラッキングや課題管理に用いられるタスク管理ツール。

図5-3-1 ageetの業務フロー

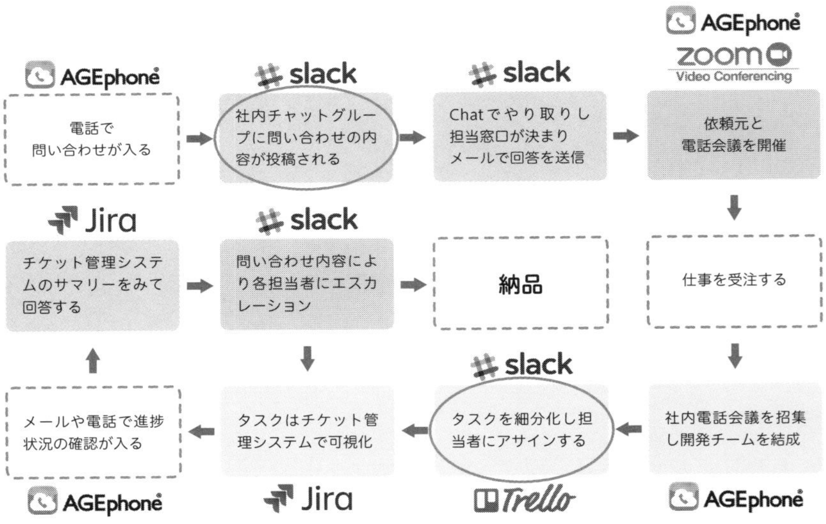

営業マンがいないので、プロジェクトは電話の問い合わせから始まる。案件情報の共有と担当窓口が決まると依頼元と電話会議か、ビデオ会議を行う。提案や見積もりを経て仕事を受注すると、開発チームを結成。その後、タスクの細分化と担当者へのアサインをする。

図5-3-1の中央上にある青い丸で示したSlackの部分の画面例を図5-3-2に示す。

図5-3-2 Slackの画面例

タスクはJiraのチケット管理システムで可視化し、消化する。依頼元からのメールや電話での問い合わせや状況確認を受け、必要なものはタスクにフィードバックする。図5-3-1の左下にある4つのボックスのサイクル（Jira、AGEphone、Jira、Slack）でタスクをすべて消化できるまで回すと、ソフトウェアが完成し、納品となる。

ageetのプロジェクトのメンバーは開発5人、試験2人で、本社のある京都のほか、東京、スイス、ハワイなどに分散している。開発期間は4～5カ月程度である。

線表やWBSは作っておらず、納期までにタスクを消化するというシンプルで柔軟なプロジェクトマネジメントがなされている。規模は小さいがコラボレーションツールを駆使してグローバルな人材を活用し、高効率な開発を行う「マイクログローバル」なプロジェクトだ。

「目的」さえ変更するサービス開発プロジェクト

次に筆者自身のプロジェクトを紹介しよう。5-2で取り上げた、愛媛県西条市のコミュニケーションロボットを使った高齢者見守りサービス「みまもり　パペロ」の開発プロジェクトである。もともとはロボット見守りサービスの実証実験プロジェクトであり、プロジェクトマネージャーは筆者、メンバーは筆者を含め5人である。

当初、西条市に提案したのは2018年度に実証実験を行い、2019年度に本サービスの検討と実施をする、というものだった（図5-3-3）。その提案が採用され、2018年4月に9月までの予定でプロジェクトが始まった。

図5-3-3　ロボット見守りサービス開発における「自在な」プロジェクトマネジメント

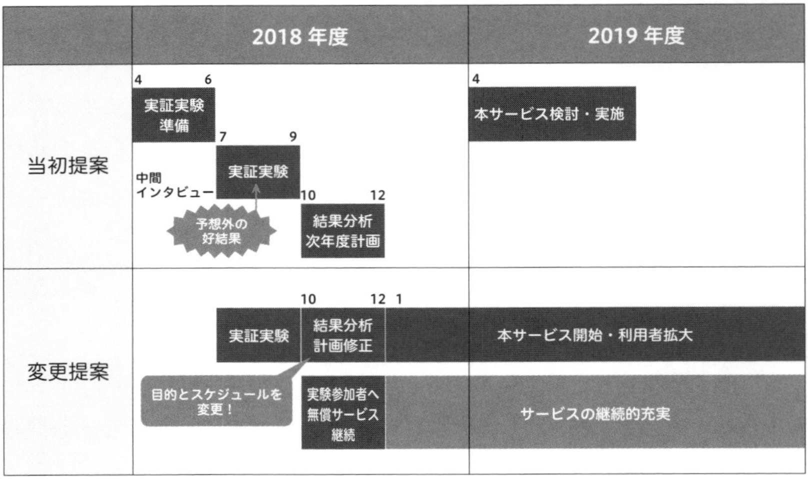

実験開始1カ月後にサービスを利用している高齢者10人に中間インタビューを行った。実験終了時にインタビューしたのではサービスの修正ができないので、早い段階でヒアリングすることにしたのだ。

高齢者のロボットやサービスに対する評価は予想をはるかに超えて良かった。

図5-3-4にあるようにこのサービスの当初の目的は高齢者とその家族に「安心・安全」と「楽しさ」を提供することだった。ところが、効果はそれだけではなかった。

高齢者はロボットに話し掛けたり、ロボットから声を掛けられたりすることで、ロボットに強い愛着を持っており、孤独感や退屈感が癒やされていたのだ。あるおばあさんは筆者と市役所の方とでインタビューに伺うとロボットに向かって、「お父さんが来たよ」と声を掛けた。まるでロボットが小さな子どもでもあるかのように接しているのだ。別のおばあさんはロボットが話してくれるなぞなぞや豆知識が面白いと言って、それらを全部ノートに書き留めておられた。

図5-3-4 プロジェクトの目的の変更

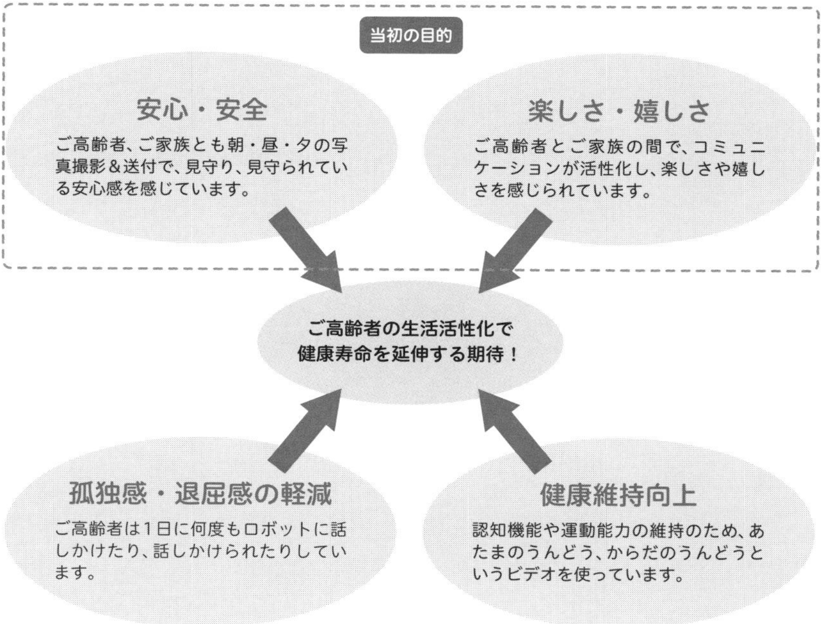

インタビューが終わって市役所に戻ってすぐ、「2018年9月末に実証実験が終わってロボットを撤去したのでは高齢者が悲しむのでこのまま使い続けてもらいましょう」と提案した。

費用その他の問題をどうするか検討して後日提案したのは「実験終了後の2018年10〜12月は無償でサービスをお使いいただく。ただし、2019年1月から有料でサービスを継続利用していただくことを条件とする」というものだ。

本サービスを前倒しするということだ。西条市の責任者である出口岳人副市長は役所ではいったん決めた計画を変えるのは難しい、ましてや前倒しとなるとさらに難しいと言われたが、この案で進めることを英断された。

2018年12月の市議会で本案の補正予算が承認され、2019年1月から有料サービスが開始し、新規利用者の募集も始まった。実験に参加した方の過半数が有料サービスを継続利用している。

中間インタビューの後に行ったのは目的とスケジュールの変更だけではない。高齢者が自発的にできる健康維持のためのメニューが喜ばれるのではないかと思い「あたまのうんどう」「からだのうんどう」「おくちのうんどう」という3種のビデオをYouTubeで閲覧できるようにした。ロボットに「あたまのうんどう」と声を掛けるとビデオが再生され、トレーニングができる。実験終了時のアンケートで予想どおり好評であった。

新しいサービスを創出するプロジェクトは固まった仕様のネットワークを構築するといった「やることが決まっていて実行するだけ」のプロジェクトとは全く違う。線表に従ってWBSを消化するだけでは成功しない。

「何をすれば利用者に喜んでもらえるか」を推定し、検証と修正を短期間で進めなければならない。当初の目的を拡大することも、よいと分かればスケジュールを前倒しすることも速やかに行う自在性が必要だ。

今回は、ageetのマイクログローバルなプロジェクトと筆者の新サービス創出プロジェクトを紹介した。従来のプロジェクト管理手法にとらわれず、効率的な開発を追求するageetのプロジェクト。目的の変更やスケジュールの前倒しさえいとわない筆者のプロジェクト。

価値創造時代のプロジェクトマネジメントで重要なのは管理手法やツールではない。効率や効果を追求するプロジェクトマネージャーの「自在な発想力」だ。

OSIモデルにはないがサービスの創出で重要な「レイヤー8」とは？

静岡県藤枝市は2020年2月14日、2020年度予算案を記者会見で発表した。その中には筆者が手掛けているコミュニケーションロボットを使った高齢者見守りサービスも含まれていた。この節では藤枝市のプロジェクトで気付かされたサービス創出で大切な「レイヤー8」について述べる。

先の節でも取り上げた「みまもり パペロ」というサービスは、2017年7月に松山市で行った講演をきっかけとして提案活動を開始。愛媛県西条市で2018年7～9月に実証実験を行い、2019年1月から本サービスが始まった。その後もメニューの充実を図っている。藤枝市のモデルについて触れる前に主なサービスメニューや利用者の評価を紹介する。

「おしゃべり機能」が好評

「みまもり パペロ」には2020年3月現在、12のメニューがある。図5-4-1はそのうちの主なものだ。「見守り」はこのサービスでは一番大事なメニューで、朝昼夕（デフォルトは8時、11時、17時）の3回、ロボットが高齢者の顔を見つけると写真を撮ってよいかどうか声を掛ける。応じると撮影後に写真を見守っている家族に送る。家族はスマートフォンやPCで写真を見る。写真とともに高齢者宅の室内の気温と湿度も分かる。

図5-4-1 「みまもり パペロ」の主なメニュー

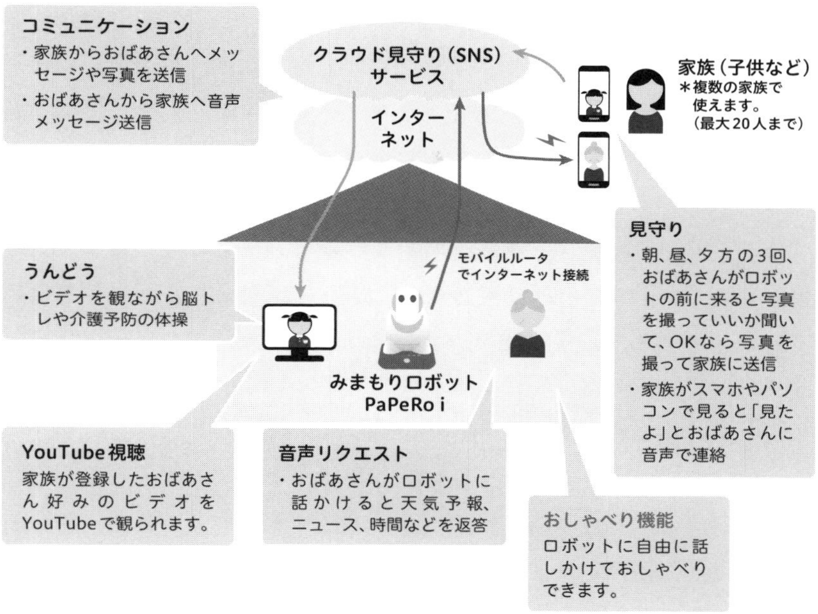

高齢者が写真撮影に応じなかったときはロボットから家族に「今、忙しいみたいだよ」というメッセージを送る。写真を撮る時間から2時間、ロボットは高齢者の顔が見えるまで待っている。2時間たっても高齢者が来なかった場合は「今、お留守みたいだよ」というメッセージを送る。朝であれば少し異常な状況で、いつもなら起きてきてロボットの前に来るはずが来ていないということだ。家族は電話をかけるなどして安否を確認するアクションを起こすことができる。

現在、「みまもり パペロ」を使っている方の利用統計を取ると、写真を撮るのは平均して2回に1回である。毎回撮影しない理由の1つは、女性の高齢者であればパジャマ姿だったり、化粧をしていなかったりすると、許可をしないからだ。

「コミュニケーション」は家族と高齢者の間でメッセージや写真、ビデオのやりとりができるメニューだ。平均して1日約3回利用されている。「音声リクエスト」はニュースや天気予報など約30種類の定型的な質問に対してロボットが答えるものだ。当初、高齢者がロボットに話し掛ける機能としては音声リクエストだけだった。定型的な質問にないことを話し掛けると「その言葉は分からないんだよ」と答えていた。

ロボットが理解できる言葉を増やしてほしい、という要望に応えて開発したのが「おしゃべり機能」だ。高齢者がどんなことを話し掛けても返答ができ、ある程度の会話が成り立つ。実はメニューの中で一番使われているのが「おしゃべり機能」で、多い人は1日平均50回以上使っている。

「みまもり パペロ」という名前のとおり、サービスの一番の目的は高齢者の安否確認を家族に負担のない方法で実現することだった。しかし、実証実験のアンケートや商用サービス開始後のインタビューで分かったのは「高齢者は見守られる安心よりも、ロボットとの会話や家族とのコミュニケーションで孤独感や退屈感が癒やされることをとても喜んでいる」ということだ。

人の心に働き掛けるサービスは予想どおりの反応にならないものだ、と気付かされると同時に、喜んでいただけて利用頻度も多いことをうれしく思っている。

自治体向けメニューの開発

図5-4-1は家族と高齢者が使うメニューだ。これに加えてサービスの主体である自治体のメニューを加えるということを藤枝市で最初に進めることになった。「みまもり パペロ」は「B2G2C」(NEC→自治

体→利用者）という形態で提供している。自治体が主体となることで民生委員やケアマネジャーとの連携が図れること、民間企業と違って利益を目的とせず安価で安心なサービスを提供できることがその理由だ。

藤枝市から要望のあったメニューが図5-4-2の防災メールの一斉送信と図5-4-3の緊急通報だ。

図5-4-2 防災メールの一斉送信

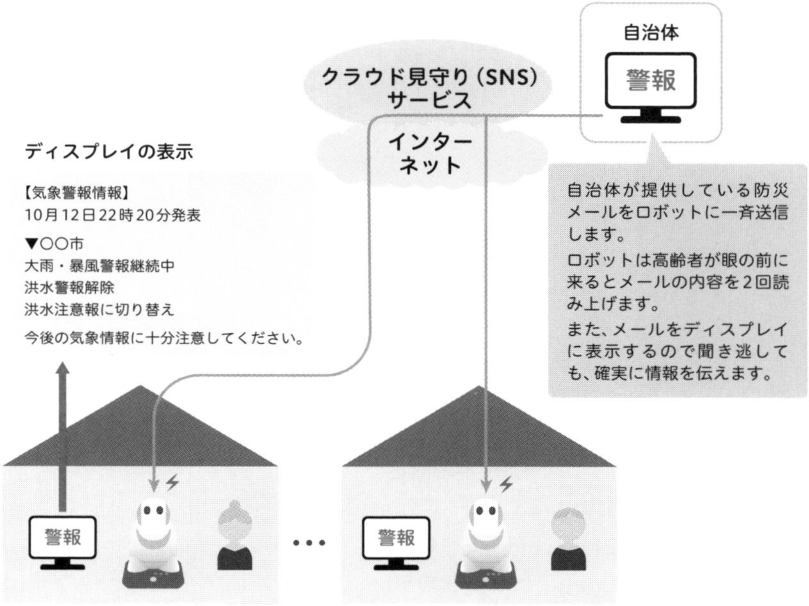

防災メールを一斉送信する目的は高齢者に避難情報をはじめとする災害情報を確実に伝えることである。元々多くの自治体は防災メールというサービスを提供している。自治体の防災メールのアドレスに空メールを送信するだけで登録が終わり、防災メールが届くようになる。「みまもり パペロ」のクラウドのメールアドレスを登録し、クラ

ウドにメールが届いたら対象となるロボットに一斉送信するようにした。届いたメールはロボットが高齢者の顔を見つけたときに2回読み上げる。さらに、メールの内容をディスプレイに表示する。これで聞き逃しても確実に防災情報を伝えることができる。

図5-4-3 緊急通報

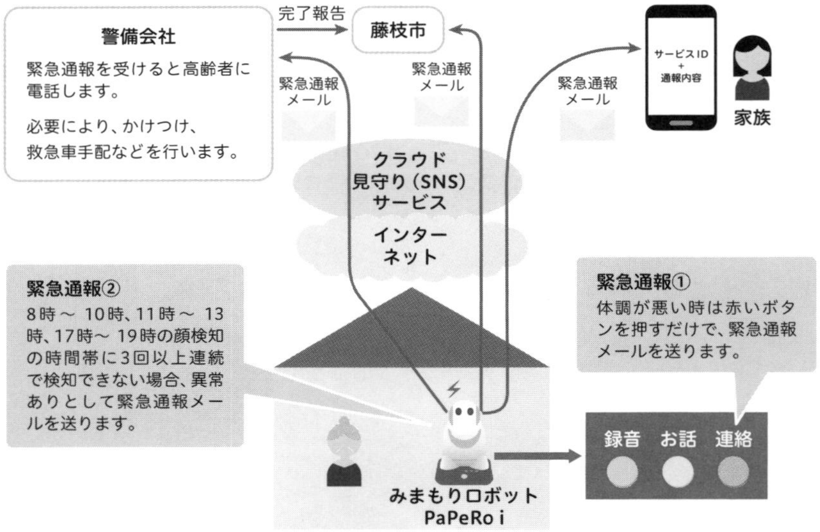

緊急通報の目的は、遠く離れて暮らす家族に代わって緊急時に警備会社が高齢者を救う対応をすることだ。高齢者が体調の悪いときにロボットの緊急連絡ボタンを押すと、警備会社と家族と藤枝市にサービスIDと通報内容を記したメールを即時に送る。高齢者がボタンを押さなくても見守りの写真を撮るためにロボットが顔を検知しようとして3回連続で失敗すると「異常あり」と見なして通報する。

警備会社は通報を受け取ると直ちに高齢者に電話をかけ、応答があれば必要な対応を行い、応答がなければ高齢者宅に駆け付けて安否を確認する。

「誰をつなげるか」「何をつなげるか」を決めるレイヤー8

２つの自治体サービスを作って、発展形が自然に頭に浮かんだ。それが図5-4-4である。自治体と警備会社に加えて宅配スーパーや病院がつながって高齢者向けのサービスを提供する。たとえば、買い物は高齢者にとって大変なことなのだが、ロボットに向かって「キャベツを１個持って来て」と言えば、きちんとテキスト化されたメッセージが宅配スーパーに届き、キャベツを持って来てくれる。

図5-4-4 ロボットとクラウドでつながる地域社会が高齢者を支える

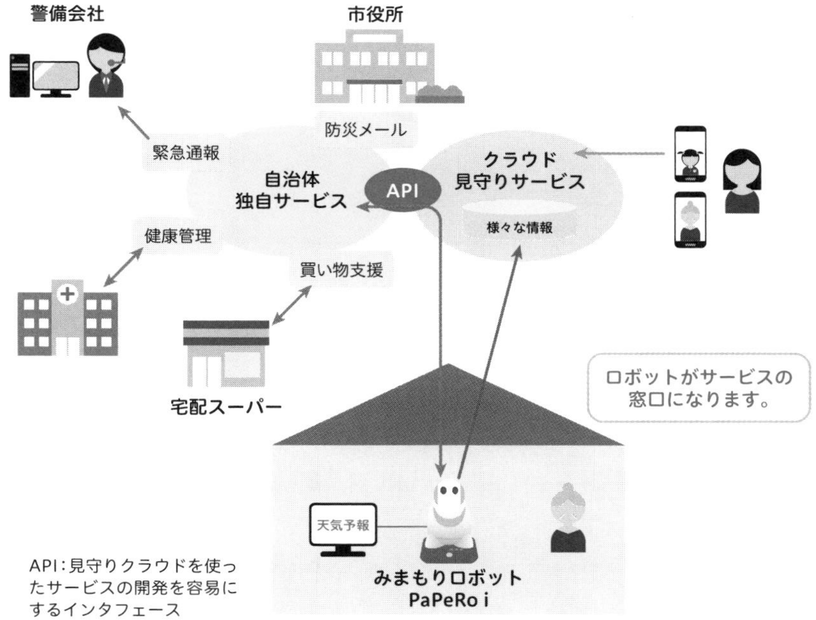

ここまで読んで「これはネットワークの話だろうか」と思った方もいるのではないだろうか。しかし、図5-4-4はまさにネットワークだ。ネットワークとは人やモノをつなげて相互のコミュニケーション

を可能にするものだからだ。

ネットワークには「OSI参照モデル」（以下、OSIモデル）というモデルがある。コンピュータ通信の機能をレイヤー1の物理層からレイヤー7のアプリケーション層までの7つの階層で定義したものだ。TCP/IPが主流になった1990年代後半以降、OSIモデルの実用的価値はあまりなくなったが、通信が持つべき機能を理解するうえでは役に立つ。

しかし、サービスを創出するためにはOSIモデルに大切な要素が欠けていることに気が付いた。サービスを実現するには通信機能をどう実現するかの前に「誰をネットワークにつなげるか」「何をネットワークにつなげるか」を決めなければならない。それは技術的な検討で決まるOSIモデルの7層と違って、何を目的にどのようなサービスを創るかという「アイデア」で決まるものだ。それは7層より上の概念なのでレイヤー8ということになる。

レイヤー8までをネットワークと捉えるとネットワークエンジニアの仕事は大きく広がる。皆さんもレイヤー8を含むサービス創出にチャレンジしてはどうだろう。

Chapter 6

ネットワークエンジニアとしてのスキルアップ

ネットワークエンジニアは自ら提案し受注しよう

自分がネットワークエンジニアだと思っている方は、何をやりがいに仕事をしているのだろうか。筆者は新しい技術やアイデアを取り入れたネットワークを提案し、それを自ら設計、構築することにやりがいを感じている。さらに、それを事例として著作や講演で紹介し、広げていくことを心掛けている。それによってネットワークの世界を少しでも変革できると思っているからだ。

つまり、提案し、受注しなければ何も始まらないのだ。自ら提案し、受注できてネットワークエンジニアは一人前と言える。今回は受注できる提案のポイントについて、新旧2つの事例を挙げて解説する。

提案では独自性が最も重要

筆者は提案だけでなく、講演や著作においても3つのことが重要だと考えている。「独自性があること」「論理性があること」「裏付けがあること」である。

中でも独自性が最も重要だ。2011年11月に受注したツルハホールディングス（本社は札幌市）の提案のきっかけは、同年7月に札幌市で行った講演である。

その中で、Cisco Systemsと同等以上の性能を持ち、コストパフォーマンスに優れた国産ネットワーク機器を用いる筆者のポリシー“脱・Cisco”とその事例を紹介した。もちろん目的はネットワークのコスト削減だ。

講演が終わったとたん、ツルハホールディングスの情報システム部長が筆者のそばにみえて、提案を求められた。日を改めて現状のネットワークについてヒアリングさせていただいた。ネットワークの費用を30％以上削減できる提案をしたかったのだが、そう簡単には実現できそうにない。

ネットワーク費用の多くの部分は回線が占める。ツルハホールディングスが運営するドラッグストアは、当時約1000店舗あり、回線は安価なフレッツが使われていた。これより安い回線は存在しない。どうやったら回線費用を下げられるかが問題になった。

そのころ、公衆無線LANサービスが注目されており、ツルハホールディングスにもいくつかの事業者が公衆無線LANの設置を提案していた。そこでアイデアがひらめいた。筆者の提案が終わるまで、公衆無線LAN事業者との契約を待っていただいた。

「ネットワークシェアリング」というアイデア

そのアイデアとは、1つのネットワークをツルハホールディングスと公衆無線LAN事業者でシェアすることだ。図6-1-1がネットワークの構成である。店舗の公衆無線LANのアクセスポイントと公衆無線LAN事業者のデータセンターにある無線コントローラーの間に暗号化されたトンネルを設定する。これによりツルハホールディングスのイントラネットと公衆無線LANのネットワークを論理的に分離している。公衆無線LANを使う端末からイントラネットに侵入することはできないし、イントラネット側から公衆無線LANに入ることもできない。IPアドレスもそれぞれ独立である。

図6-1-1 ツルハホールディングスのネットワーク構成イメージ

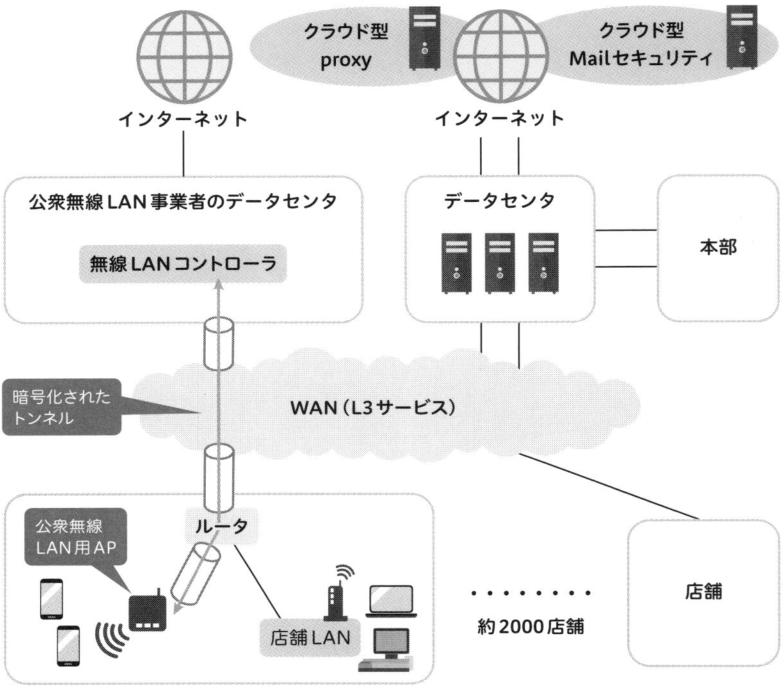

ネットワークの設計、構築、機器、回線、監視、保守のすべてをNECが月額いくらのサービスで提供する。その費用をツルハホールディングスと公衆無線LAN事業者が分担するのだ。ツルハホールディングスから見ると自社だけでネットワークを使う場合と比べて毎月数百万円のコスト削減を実現できた。公衆無線LAN事業者も単独でフレッツ光を引く場合と比べて、大幅な費用削減となった。

この「ネットワークシェアリング」という独自のアイデアが受注の決め手となった。単に独自性があっても実利がなければ意味がない。この提案では、40％以上のコスト削減という大きなメリットをもたらした。

2017年6月にはセキュリティの強化を主としたリニューアルを行っている。実は図6-1-1はリニューアル後のイメージである。1000店舗だったツルハグループの総店舗数は2020年5月時点で2000店舗を超えている。

独自性のあるアイデアの出し方

独自性のあるアイデアは、一見無関係な2つのものを結び付けたり、組み合わせたりすることで生まれることが多い。ツルハホールディングスの事例では、イントラネットと公衆無線LANサービスという水と油の関係に近いものを結び付けた。

企業ネットワークの商談ではルータが保守期限を迎えたからWANを更改したい、PBX（構内交換機）が古くなったので更新するといったものが多い。このとき、WAN更改だけを提案したり、PBX更改のみを提案したりする単純な提案では独自性を発揮できない。

単にWANを更改するのではなく、たとえばクラウドを接続しやすい仕組みを付け加えて、複数のクラウド接続を効率的にまとめる提案ができる。WANとクラウドを結び付けることで独自性が生まれる。PBXを更改するだけでなく、働き方改革と結び付けてテレワークに役立つ機能や仕組みを合わせて提案することもできるだろう。提案のときには結び付けや組み合わせを考えることを心掛けよう。

営業では最初が肝心

ツルハホールディングスの事例にも当てはまるが、営業ではお客さまとの最初の出会いが最も重要だ。2018年4月に受注した愛媛県西条市のコミュニケーションロボットによる見守りサービスの事例を紹介しよう。提案のきっかけは筆者が2017年7月に松山市で行った講演である。

講演の2週間前に事務局から参加者名簿を送っていただいた。講演を聴く人に応じて内容を検討するためだ。ほとんどが松山市でIT関係の仕事に就いている人だったのだが、西条市の副市長が目に留まった。数少ないITユーザーの立場からの参加者だからだ。よし、この人のためのスライドを盛り込んでおこうと考えた。図6-1-2がそのスライドだ。

高齢化が進み老人が増え続ける一方で、介護や見守りをする人の不足が地方自治体にとって大きな課題になっている。そこで一人住まいのお年寄りを当時話題になっていたAIスピーカーで見守る、というアイデアをスライドにした。

図6-1-2 切実なニーズがある介護の世界

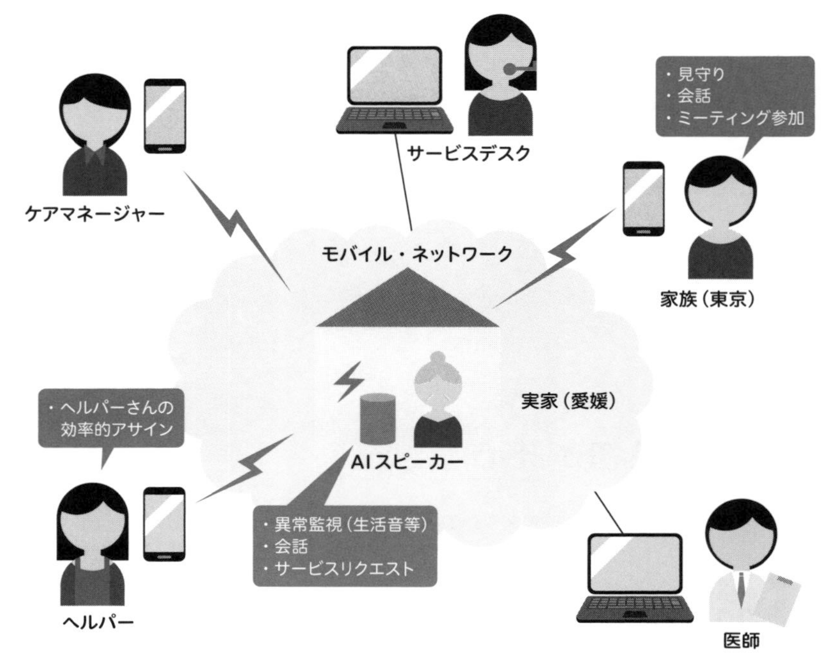

講演当時、話題になり始めていたGoogle HomeやAmazon EchoといったAIスピーカーを紹介した後で、有望な用途として1人住まいの高齢者の見守りサービスが考えられるということを話した。

このスライドに副市長が強い関心を持った。講演終了後、筆者のそばにみえて提案を依頼されたのだ。もちろん図6-1-2はただのアイデアであり絵に描いた餅だが、AIスピーカーを見守りに使うという独自性に引かれたのだ。お客さまとの最初の出会いでこちらのアイデアやソリューションに強い関心を持ってもらえなければ、商談は始まらない。最初が肝心なのだ。

すぐに「絵に描いた餅」を実現可能な提案にすべく検討し始めた。その結果、AIスピーカーよりユーザーインタフェースに優れ、見守りに不可欠な各種のセンサーを備えるコミュニケーションロボット「PaPeRo i」を使うことにした。この提案の独自性の第一はこのロボットにある。日本国内では10種類ほどのコミュニケーションロボットが販売されている。だが、センサーを備え、写真やビデオを高齢者に見せるために必要なディスプレイを接続できるロボットは、PaPeRo i以外に見当たらなかった。

もう1つの独自性は、高齢者と家族以外の第三者が見守りに加わる仕組みを設けたことだ。自治体が主体となるサービスならではの機能であり、高齢者の介護で大きな役割を果たすケアマネジャーも参加できる。

提案を始めて4カ月後には次年度（2018年度）に実証実験をすることが決まり、2018年4月に契約を締結した。4月27日には西条市主催で老人クラブの方や関係者への説明会が開催された。

お客さまの立場で考えよう

あたりまえのことだが、提案はお客さまの立場に沿って考えることが肝要だ。西条市の例では提案活動は講演のスライド作りの時点で始まっている。西条市の副市長に関心を持ってもらうにはその立場に立って、興味を持ってもらえるユースケースを考える。その結果思い付いたのが「高齢者の見守りにAIスピーカーを使う」というアイデアだ。

「AIスピーカーとはこのようなもので、音声で家電の操作ができて便利です」という一般的な説明をしても、副市長には響かない。副市長の立場に「当てはめた」使い方を提示したために、興味を持ってもらえて提案の機会が得られた。

同じようにSDNを売ろうとして、一般的なSDNの特徴やメリットを説明しても効果は薄い。相手の企業ネットワークや組織の事情を踏まえたうえでたとえば次のような提案ができるだろう。「SDNを使うと親会社と子会社のネットワークを物理的に統合してコスト削減し、同時に論理的に分割して独立性を保つことが容易にできます。グループ全体のネットワークの見直しにSDNを検討しましょう」

このようなアプローチを試みて、初めて具体的な提案の足掛かりができる。

在宅勤務で新規顧客を「オンライン受注」、成功のポイントは?

最後にウィズコロナ、アフターコロナ時代の営業について述べる。2020年6月、筆者は在宅勤務を3か月以上続けていた。ほとんどの仕事は在宅で出来ることが分かったが、新規顧客の受注を訪問せずに獲得するのは難しいだろうと思っていた。

しかし、6月中旬、在宅勤務のまま初めて新規顧客を受注した。相手は地方自治体、受注したのはコミュニケーションロボットを使った高齢者見守りサービス、「みまもり パペロ」の実証実験である。問合せがあってから受注までわずか1か月であった。

このサービスは既に2つの自治体で本サービスが始まっており、実証実験の受注としては4件目であった。実証実験の後、本サービスへ移行する。これまでリアル営業による実証実験の受注には4ヵ月以上かかっていた。営業プロセスにはアプローチ（セミナーや問合せをきっかに商談が始まる）→プラニング（提案、見積を提示し、交渉を重ねる）→クロージング（受注を決める）の3段階がある。

ロボットによる見守りサービスではプラニングの段階でロボットを持参して訪問し、詳細な説明とサービスのデモを行っていた。実物を使ってもらわないと紙の提案書だけでは具体的に理解できないからだ。ロボットの見た目の印象、動き、声、反応時間、ロボットとスマートフォンとのやりとりなどを実体験してもらう。

アプローチは半月、プラニングは2か月から3か月、クロージングには1か月程度かかっていた。今回のオンライン受注は次のような経緯だった。

・アプローチ（2日）

問合せに対してサービスの紹介資料を送る。説明時間を翌日にもらって1時間あまりかけて資料（料金を含む）を説明。

・プラニング＆クロージング（4週間）

資料説明のあと電話やメールで質問に回答。ロボットを送付。ZOOMを使って1時間半の説明会を実施。ロボットの操作方法を説明し、サービスのメニューをロボットとスマートフォンで体験していただいた。10人くらいが会議室におられたが、面白がって大盛り上がりであった。デモの後、クロージングのための会話。

説明会の数日後、自治体トップへの事業説明とデモが行われ、実証実験を行うことが決まった。

結果的に客先を訪問して行うリアル営業より、はるかにスピーディに商談を進めることが出来た。一番大事なのはプロセスのどの部分だろうか？答はすでに書いてある「営業では最初が肝心」なのだ。初めて資料を電話で説明した時がそれである。

どんな商談でも最初にサービスやソリューションに強い関心を持ってもらえなかったら、商談は先に進まない。資料に書いてあることだけを説明しても関心は持ってもらえない。書いていないことに半分以上の時間をかけた。西条市の実証実験でご高齢者にインタビューした際どんなやりとりがあったか、ご高齢者が一番気に入っているメニューは何か、など。そしてもっとも強調したのがロボットを使って「非訪問・非対面」で高齢者を見守ることができる点だ。高齢者へのコロナの感染を防ぐことができる。電話ではあるがこれは立派なプレゼンなのだ。

Zoom会議では一気にクロージングの話までした。単刀直入にクロージングに必要なことを聞くのだ。「何時から実証実験をはじめるか」、「実質的に実施が決まるのは何時どうやって決まるか」などだ。こんな突っ込んだ話をするため、オンライン会議は初めから親しみやすい雰囲気で行う。リアル営業ではプラニングとクロージングが分かれるが、オンライン営業では一気に進めるのだ。

オンライン営業を成功させるコツは次の3点にまとめられる。

①最初に強い関心を持ってもらえるプレゼンをすること
②オンライン会議は最初から「親しい雰囲気」ですること
③一気にクロージングに持って行くこと

皆さんも在宅でオンライン営業に挑戦してみてはいかがだろう。

「満足度」の高いプレゼンでチャンスをつかもう

ネットワークエンジニアにとってプレゼンテーション（以下、プレゼン）プレゼンは重要だ。セミナーでソリューションを紹介する、コンペで提案書を説明するなど、プレゼンのよしあしが案件開拓や受注の成否を大きく左右する。この節では効果的なプレゼンのテクニックについて述べる。

筆者の場合、これまでのネットワーク構築、運用のほとんどはプレゼンがきっかけとなって受注したものだ。セミナーで新しいネットワーク技術やアイデアを紹介し、関心を持ってくれた企業に提案しているからだ。

2018年7月は3つのセミナーでプレゼンを行った。それぞれ90分、45分、90分という比較的長時間のプレゼンである。

45分のプレゼンは「NEC iEXPO KANSAI 2018」での講演だ。このプレゼンはお客さまがアンケートで評価する。「満足した」「ほぼ満足した」「やや不満」「不満」の4段階評価である。リサーチの用語ではこのような満足度調査で一番よい評価を「トップボックス」という。顧客満足度を高めるにはトップボックスの割合を高めることが重要だといわれている。

一般にプレゼンのアンケートでは2番目の「ほぼ満足した」が6割程度を占め、一番比率が高い。トップボックスは3割にも満たないのが普通だ。最後に紹介するように筆者のプレゼンはトップボックスの比率が極めて高い。結果としてアンケートの「詳細な説明を希望」といった引き合いの件数も多くなる。どうすればプレゼンの満足度を高めることができるのだろう。

プレゼン満足度を高める5つの要素

図6-2-1がプレゼン満足度を高めるための要素である。とくに重要な項目には「★」を付けた。以下、重要性が高い順に要点を解説する。

図6-2-1 プレゼンの満足度を高める要素

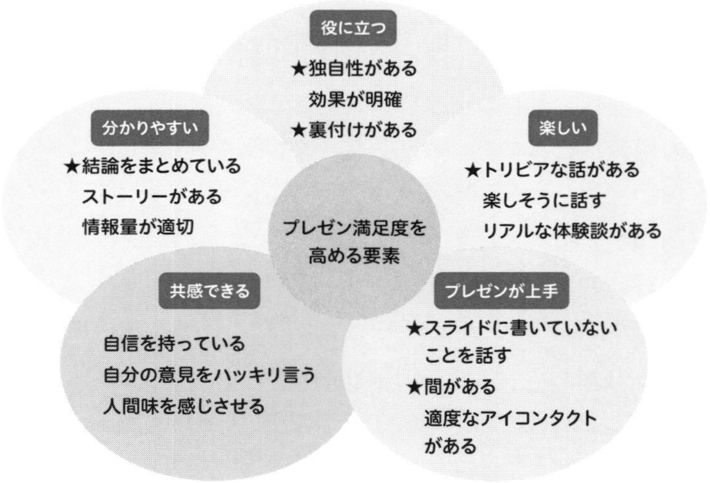

①役に立つ

どんなに話し方が上手でも内容が「役に立たない」のでは意味がない。聴き手にとって役立つ内容であることがもっとも大切だ。

・独自性がある
　他にはない独自のアイデアやノウハウが示されている

・効果が明確
　メリットがはっきり分かる

・裏付けがある
　事例によって独自性や効果が証明されている

②楽しい

　筆者は「面白くて、役に立つ」プレゼンを心掛けている。面白くなければ45分、まして90分のプレゼンを集中して聴いてもらうことなどできない。

・トリビアな話がある
　とくに導入部分で聴衆をプレゼンに引き込むためには、トリビアを挿入することが効果的だ

・楽しそうに話す
　仏頂面で淡々と話すよりにこやかで表情豊かに話すのがよい

・リアルな体験談がある
　学者のように他人の事例を紹介するのでなく、自ら経験した事例についてディテールを交えて話すと説得力が増すだけでなく、関心も高められる

③分かりやすい

　伝えたいことを確実に伝えるには分かりやすさが重要だ。

・結論をまとめている
　最後のスライドに伝えたいことを2つから3つの短い文にまとめる

・ストーリーがある
　話の筋が通っていると理解しやすい

・情報量が適切
　詳し過ぎるとポイントが見えにくくなる。かといって情報が不足すると肝心なことが伝わらない。過不足のない情報量にすることが肝要だ

④プレゼンが上手
　筆者は次の３点を心掛けている。

・スライドに書いていないことを話す
　文章だらけのスライドを作り、読み上げているようなプレゼンは最低だ。そんなプレゼンは必要ない。スライドをプリントした資料を持ち帰ってもらえばよい。スライドに書いていないことを話すから、プレゼンの価値があるのだ。筆者は45分といった比較的長時間のプレゼンを進める場合、20%から30%の時間は「余談」に使う。後ほど示すようにプレゼンのテーマと関係はあるものの、スライドに書くような内容ではないことだ。余談で聴き手の関心を高め、飽きずに聴いてもらうことができる

・間がある
　一本調子に話し続けるプレゼンほど聴きづらいものはない。聴き手の反応を見ながら「間」を取ることが大切だ。重要なことを話すときはゆっくりと話し、話した後に間を取る。筆者は声に強弱も付けている。強調したいことは大きな声で話す。逆にわざと声を小さくしてゆっくり話し、注意を引くこともある

・適度なアイコンタクトがある
聴き手が100人、200人といった大人数であっても、プレゼンは必ず聴いている人を見ながら進める。会場全体に目配りしながら、語り掛けるように話すのだ。そして、顔がはっきり見える近くに座っている人の中で顔を上げて熱心に聴いている人を2〜3人見つけておく。そういう人に時々視線を送ると話しやすい

⑤共感できる

話し手と聴き手の間に共感があると伝えたいことがより良く伝わる。

・自信を持っている
このように聴き手に感じてもらえることが大事だ。自分で考え、自分で手掛けていることを話していれば、ごく自然に自信は聴き手に伝わるものだ

・自分の意見をハッキリ言う
これは筆者の好みだ。「歯切れ」がよいことを重視する。歯切れがよいのは言葉の最後に断定を置いているためだ。歯切れの悪い例はコンサルタントによく見られる。「○○という考え方もある」などと断定を避けた言い回しが多い。その方が賢く聞こえると思っているのかもしれないが、聴いている人は歯切れが悪いと思うだけだ

・人間味を感じさせる
たとえば、筆者はSIMロックフリースマートフォンのプレゼンで、新宿駅西口のビックカメラで妻に誕生日のプレゼントとしてHuaweiのSIMロックフリースマホを買ったときのエピソードを面白おかし

く話したことがある。こういう話を挿入することで親近感を持ってもらうことができる

スライドは締めのまとめから作る

プレゼンで使用するスライドは以上の5要素を盛り込みながら作成する。スライド作成の順序と、盛り込むべき主要な要素は図6-2-2のとおりだ。

図6-2-2 スライド作成の順序と盛り込むべき要素

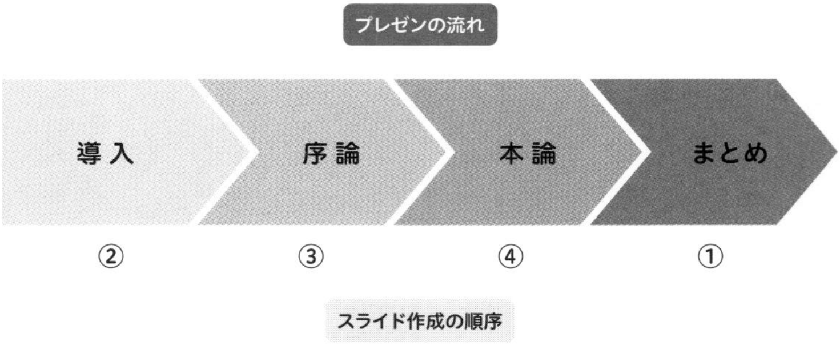

2018年7月に行ったプレゼンを例に解説しよう。まずプレゼンで言いたいことは何か、まとめのスライドに書く。筆者のプレゼンは案件開拓が目的なので、提案したいことを書く。「お手伝いさせて頂きたいこと」というタイトルで閉域モバイル網とコミュニケーションロボットのことを書いている（図6-2-3）。

図6-2-3 「まとめ」のスライド

お手伝いさせて頂きたいこと

①コスト削減、働き方改革、BCP対策のための閉域モバイル網中心のネットワーク構築・運用

②コミュニケーション・ロボットを活用したサービス開発

8 ©情報化研究会2018

次に表紙に書くタイトルを決める。セミナーはWebやパンフレットで集客する。そこにはタイトルと100字程度の概要しか記載できない。Webやパンフを見る人はまずタイトルに目を通す。興味を持てば概要を読み、受講するかどうかを決める。タイトルで関心を持ってもらえなければ始まらない。そのためには関心を呼ぶキーワードが不可欠だ。

図6-2-4が表紙である。コミュニケーションロボットに関連する“AI”と“ロボット”、閉域モバイル網に関係がある“働き方改革”という3つのキーワードを入れている。このタイトルが良かったのか、セミナーは開催1カ月前に満席になった。

図6-2-4 タイトルには関心を呼ぶキーワードを入れる

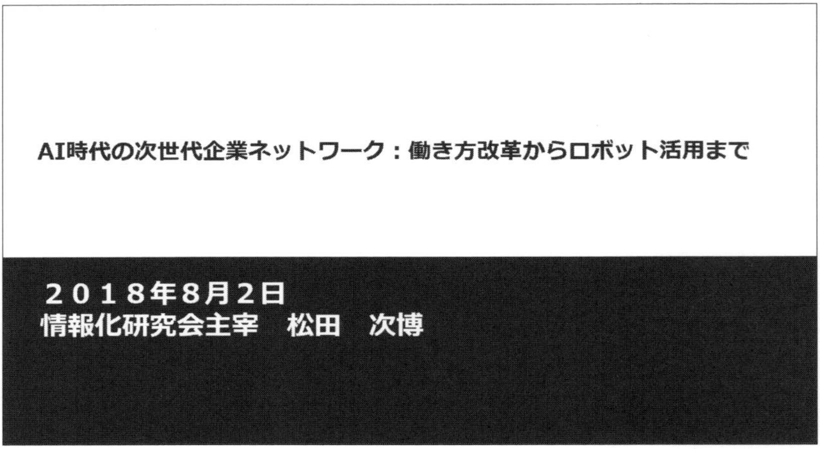

次はプレゼン全体の構成を考えて、目次を作る（図6-2-5）。「モバイル化する世界」と「AIは明らかにブーム」の２つは導入部だ。残りの３つが本論である。筆者は聴き手をプレゼンに引き込む導入部を重視している。

図6-2-5 目次を作る際は導入部を重視

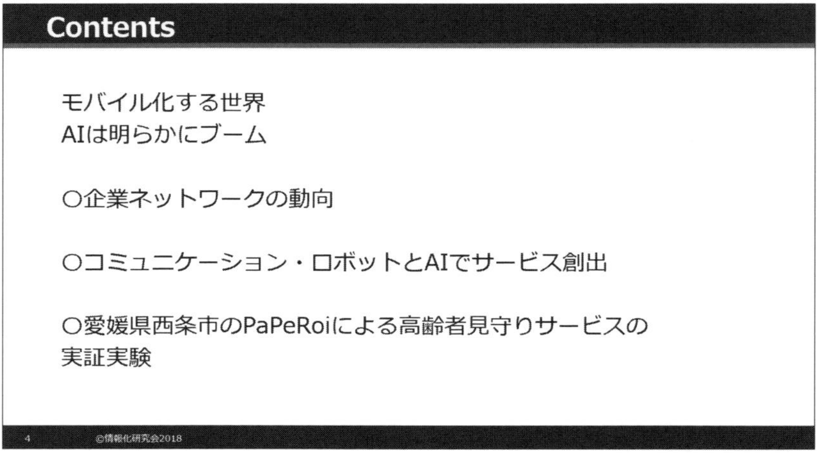

導入部の「モバイル化する世界」で使ったスライドが図6-2-6だ。

図6-2-6 「導入部」でのトリビアは口頭で進める

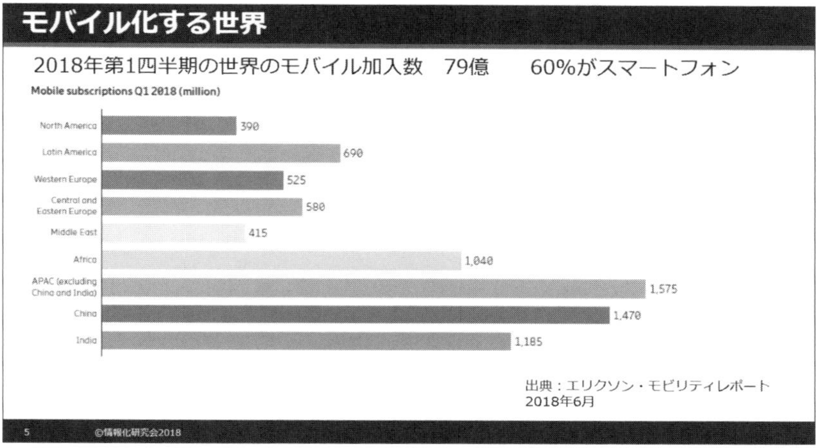

半年ごとにスウェーデンEricssonが発表するモビリティレポートからの引用である。世界のモバイル加入数がすでに世界人口（約76億人）を上回り、その60%がスマートフォンであることを述べる。その後、「スライドに書いていないこと」を話し始める。

“ちょっと古い2016年の総務省情報通信白書の数字ですが、日本の60代は35%の人がスマホを使っています。では中国の60代はどのくらいの人がスマホを使っていると思いますか？三択で当ててください。77%か、87%か、97%です。77%だと思う方（挙手を促す）”

“正解は97%です。（多くの人が意外そうな顔をする）中国ではガラケーなんて売っていないのですね。中国の人はスマホを持っているだけではありません。中国の街にはQRコードがあふれていて、道端のレンタサイクルを借りるときにはスマホでQRコードを読み取ると料金の支払いがされて、ロックが解除されます。屋台にも料理ごとにQRコードが掲示されていてそれで支払います”

“最近では無人のコンビニやスーパーも登場しており、入店時のチェックや支払いにスマホが使われています。50代、60代の人でもスマホを決済に使うだけでなく、格安ツアーの購入をはじめ、さまざまなサービスをスマホで享受しています”

このようなスライドに書いていない話でスマートフォンの活用、モバイル化の広がりを理解してもらうと同時に、プレゼンに引き込むのだ。

導入部には「はっとさせる意見」も入れる

「AIは明らかにブーム」という部分ではAI将棋の話をした。最年少棋士として有名になった藤井聡太七段がAIを相手にしたトレーニングで強くなったこと、AI将棋の原理などを説明し、人間の将棋とAIの将棋の比較を示した（図6-2-7）。

図6-2-7 人間の将棋とAIの将棋を比較する

人間の将棋とAI将棋の違い

	人間の将棋	AI将棋
セオリー	重視	セオリーは無関係
傾向	守ってから攻め	攻守の判断は客観的
指し手の根拠	大局観と読みに裏付けられた根拠がある	指し手の根拠を説明するのは困難
トレーニング	人間同士の対局 棋譜の研究	AI相手の対局

6 ©情報化研究会2018

“人間は読みを省略し、楽をするためにセオリーに合わない手は最初から考えません。AIはセオリーや定跡とは関係なくあらゆる可能性のある手を考えます。人間は負けが怖いので、守ってから攻めます。AIは客観的に最短で勝てる手を考えるので、人間と比べて攻め始めが早いのです。(中略)”

“将棋なんて自分には関係ない、という感じで退屈そうにしている方もいますね。関係ないなんて思ったら大間違いですよ。皆さんも、私も、仕事をする上でセオリーを持っています。長年の経験で知らないうちにルールも身に付けている。セオリーやルールにとらわれているから、イノベーションを生むような新しい発想が難しくなっているのです。私たちはセオリーや経験にとらわれないAIを見習うべきなのです”

単に面白いイントロだけでなく、はっとさせる有用な意見を述べるべきだ。アンケートには将棋AIの話が良かったとわざわざコメントを書いてくれた方がいた。

プレゼンの本論では本書で取り上げた「閉域モバイル網中心のネットワーク」「コミュニケーションロボットを活用したサービス開発」を解説した。どちらにも独自性があり、メリットが明確で事例という裏付けがある。

コミュニケーションロボットの活用ではまとめとして「親しみやすさ、使いやすさ、安全」の3つが重要だ、という話をした。それを証明するものとしてWebブラウザで2018年4月28日の愛媛新聞の記事を表示した。そこには説明会でデモを手伝ってくれたおばあさんがにこやかな笑顔で映っている。

“このおばあさんの表情で分かるとおり、このロボットは親しみやすく、音声と3つのボタンだけで操作できるので使いやすさも抜群です”

本節では筆者が満足度の高いプレゼンを発表するために心掛けていることを紹介した。この心掛けのためか、私のプレゼンは冒頭に紹介した「トップボックス」がいつも60%を超えている。ここに書いたことが、少しでも皆さんのプレゼンを効果的なものにするうえで役に立てば幸いである。

ネットワークエンジニアなら「回線の実体＝レイヤーゼロ」を知っておこう

日々、2000拠点を超えるネットワークの運用を手掛けていると、OSIの7階層モデルにないレイヤーゼロの話、つまり「回線」をいかに引くかという点をないがしろにできないことが分かる。本節では、ネットワークエンジニアが意外と知らないレイヤーゼロの基本について述べる。

企業ネットワークの提案書や設計書にある「ネットワーク構成図」では、回線を1本の直線で表現することが多い。拠点を表す四角い枠に直線を1本引き、そこにルータを接続する。もうすこし詳細な図では回線終端装置を表す箱をルータの前に書く。日々、図を描くネットワークエンジニアは、線を1本引けば回線が引けたような気分になるかもしれない。

しかし、回線を現実に開通させるのはそれほど簡単ではない。はっきり言ってとても面倒で、日数もかかる。回線はNTTやKDDIといった通信事業者（キャリア）に動いてもらわないと開通しない。申請から開通に至るまでにユーザーとしてやるべきことを押さえ、独特の用語を頭に入れておかなければ回線を引くことはできない。

筆者がプロマネを務める運用中のプロジェクトでは、毎月10本から多いときには20本を超える回線を開通させる。新しい店舗やオフィスの開設に伴うものがほとんどだ。期日までに開通できなければ店舗がオープンできず、大変なことになる。

回線の実体構成はどうなっている?

回線の実体と回線を引くための留意点を順に見ていこう。

図6-3-1はNTTコミュニケーションズやKDDIのVPNサービスで使う回線の構成だ。NTTコミュニケーションズ（NTTコム）、KDDI、ソフトバンク、いずれもラストワンマイルと呼ばれるアクセス部分の光ケーブルをほとんど持っていない。そのためNTT東西が所有する光ファイバーのうち未利用のもの、いわゆる「ダークファイバー」を借用して使うことが多い。

図6-3-1 回線のレイヤーゼロ構成

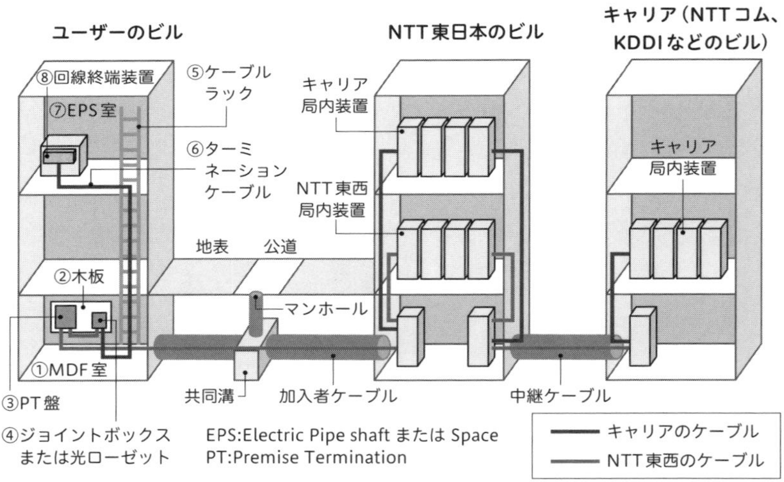

図6-3-1ではNTTコムなどのキャリアの光ケーブルを濃い色の線で、NTT東西のケーブルを薄い色の線で示している。中継ケーブルや加入者光ケーブルはユーザーが目にするものではない。その代わり、ユーザーのビル内の設備を知っておくべきだ。図中の丸数字の順に設備を説明する。

①MDF室（Main Distribution Frame）

配線盤を収納する構内の共用スペース。

②木板

PT盤やジョイントボックスをビルの壁面に設置するための保護材。ユーザー（ビルの所有者）が設置する。

③PT盤（Premise Termination）

NTT東西がユーザービルに引き込んだ光ケーブルをまとめる光ケーブル接続キャビネット。図6-3-1には描かれていないが、PT盤から各フロアに分配する構内ケーブルをまとめる装置をPD盤（Premise Distribution）と呼ぶ。PTのことを第1PDと呼ぶこともある。その場合、各フロアのPDは第2PD、第3PDのように呼ぶ。

④ジョイントボックスまたは光ローゼット

ケーブル保護用の配線盤。NTT東西とキャリアの接続分界点。NTT東日本ではジョイントボックスと呼び、キャリアが設置する。NTT西日本では光ローゼットと呼び、NTT西日本が設置する。

⑤ケーブルラック

ケーブルの敷設に使う金属製や合成樹脂製のはしご状の支持架。

⑥ターミネーションケーブル

ジョイントボックスから回線終端装置までの光ケーブル。

⑦EPS室（Electric Pipe Space）

各フロアを貫通している配管の収納スペース。

⑧回線終端装置（ONU：Optical Network Unit）

光ケーブル上の信号を端末のインタフェース（通常イーサネット）に変換する装置。

小規模拠点では電柱を使う

図6-3-1では地下から光ケーブルを引き込んでいるが、小規模な店舗やオフィスでは電柱から架空で引き込むことが多い。その構成が図6-3-2である。

図6-3-2 小規模オフィスの回線

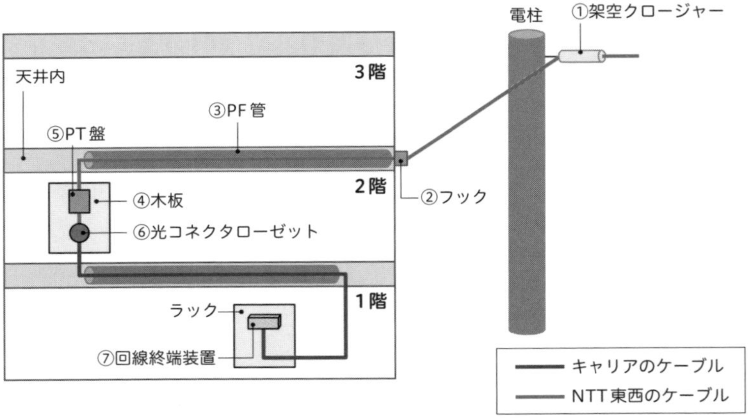

①架空クロージャー

電柱に敷設された光ケーブルを収納するグレーのボックス。なおメタル回線は黒いボックスを使う。

②フック

電柱から引き込むケーブルを固定する金具。

③PF管（Plastic Flexible Conduit）

光ケーブルを保護するための耐燃性のある管。じゃばら状のパイプで曲げやすく柔軟性がある。

④木板

図6-3-1と同じ。

⑤PT盤

図6-3-1と同じ。

⑥光コネクタローゼット

図6-3-1の光ローゼットと同じ。

⑦回線終端装置

図6-3-1と同じ。

デッドラインを決めて現地調査を急ぐ

回線は期限までに開通させねばならない。言うは易く行うは難し、これは回線開通でも成り立つ。

店舗の開設やクラウドとの接続など、回線開通の期限は決まっている。デッドラインを明確にして、それに間に合うよう着実に開通までの作業をキャリアに実行させ、自社で行うべき作業の準備を進める必要がある。キャリアに新規で回線を申し込んでから、開通するまでの流れと留意点は次のとおりだ。

①回線申請

開通希望日の2カ月以上前に申し込むことが望ましい。

②現地調査

回線申請の3週間から1カ月後にキャリアが実施する。キャリアが回線の設置場所を調査し、光ケーブルの配線ルートやユーザー側で必要な付帯工事を明らかにする。付帯工事とは図6-3-1の木板の設置や図6-3-2のPF管の敷設などである。光ケーブルを天井裏に裸で配線するようなことはしない。必ず保護のための配管を設ける。

③現地調査結果報告書

現地調査から1週間後に届く。現地調査の結果が現地の写真とともに図6-3-2のような配線図として描かれ、付帯工事の必要の有無などを含めて報告がある。ユーザーは必要な付帯工事を、開通希望日までに完了させなければならない。ユーザーには見えないものの、現地調査結果に基づいて、NTT東西が光ケーブルについて空きの有無の確認を含め設計を行う。NTT東西の設計には3週間から1カ月程度かかる。

④回線開通日の確定

現地調査結果報告書の3週間から1カ月後。NTT東西の設計が終わると回線開通日が確定する。希望日どおりで決まることもあれば、光ケーブルに空きがなく日数を要することもある。日数がかかり過ぎてデッドラインに間に合わない場合は、短縮するようキャリアと折衝する。

回線開通で一番困るのは、新しい店舗の開設といった回線を必要とするイベントの情報がなかなか届かず、デッドラインまでの期日が1カ月程度しかない、という場合だ。上記のプロセスを極力短縮するようキャリアに働き掛けるしかないのだが、代替手段を並行させて準備する必要がある。筆者のプロジェクトではLTEの無線をよく使う。

先ほど解説したプロセスの中では、現地調査が重要である。回線を早く申し込んでも現地調査が終わらないと、キャリアやNTT東西が開通に向けて動き始めたとはいえない。回線申請して1週間たっても現地調査の日程が決まらないようなら、さっさと現地調査をするようキャリアに働き掛けねばならない。

回線の話は泥臭いものだが、ネットワーク構成図に線を引いただけでは実際のネットワークを作ることはできない。皆さんも一度は回線申請から開通まで、経験することをお勧めしたい。

データリンクは生きているのに データセンターが全断、原因は？

2019年5月、データセンターのスイッチ障害によってかなり重大な障害が発生した。本節ではその障害の原因解析と対策を進める過程で学んだデータセンターの接続方式について解説する。

2019年5月のある朝、筆者が運用する複数のネットワークを24時間365日監視している監視センターから電話がかかってきた。監視センターから私に連絡がくるのは大きな障害のときだけなので、ぼんやりしていた頭から一瞬で目覚めた。

ある企業のネットワークで特定のサービスのために使っているデータセンターから、「サービス不能」メッセージが大量に送られてきているという。不思議なことに監視センターが常時監視しているデータセンターのルータ、回線のどちらにも異常がない。サービス事業者がサービスの監視をしていて異常を発見したらしい。

データリンクは正常なのに

監視センターとの電話が終わってすぐ、企業のネットワーク責任者に電話して状況を説明した。100以上ある拠点すべてで使うサービスであり、影響は大きい。ネットワーク側に異常はないので障害の原因がデータセンター内にあるのは間違いなかった。

その後、責任分界点からサービス事業者側にあるスイッチで再起動が起こっていることが分かった。再起動後、データリンクは正常なのだがフレームの転送ができなくなっていた。

問題のネットワークとデータセンターの接続部分は図6-4-1のようになっている。

図6-4-1 障害発生時の状況

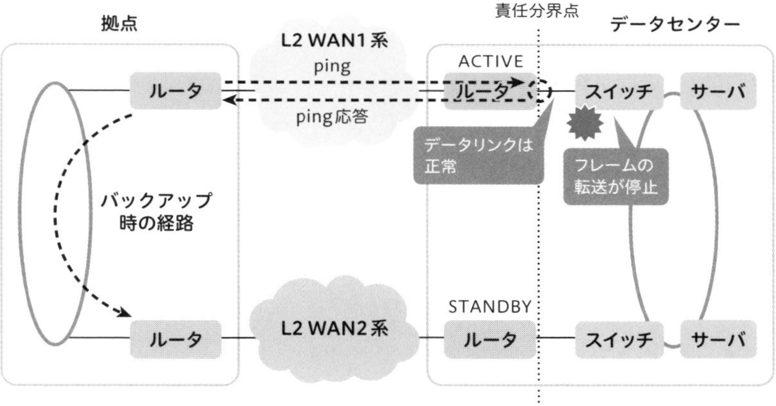

このネットワークで使用しているルータには、ネットワークモニターという独自機能がある。拠点側のルータからデータセンター側のルータのスイッチと接続しているポートに対して周期的にpingを打って、経路の正常性を確認している。NGになると拠点側ルータはこの経路を取り消して、拠点にある別のルータ向けのバックアップ経路に切り替える。

データセンター側のルータはスイッチを接続しているポートのデータリンクが正常であればpingの応答を返す。ところが、今回の障害はデータリンクが正常なのにフレームの転送が停止しているという特殊なものだった。そのため経路が切り替わらなかったのだ

暫定復旧策としてスイッチの該当ポートを閉塞（へいそく）した。

結果、データリンクが落ちて経路が切り替わった。障害の発生から復旧まで約30分、時刻は朝9時を過ぎていた。決して速い復旧とはいえないが、データリンクが落ちていないことが障害の原因だと、短時間でよく気づいてくれたものだと思う。

ところで「データリンクが正常」(リンクアップ) とはどういう状態を言うのだろう。改めて考えるとぱっと思い浮かばないが、次のとおりである。

・物理的に正しく接続されている
・物理ポートに電力が供給されている
・相手の通信モードを認識するためにFLP (Fast Link Pulse) と呼ばれるパルス信号を送信 (受信) し、通信モードが選択された状態にある

スイッチやルータで「ポートを閉塞する」とよく言うが閉塞の意味は次のとおりだ。

・レイヤー2：物理ポートに電力が供給されていない状態であり、対向装置もリンクダウンする
・レイヤー3：IPインタフェースが無効の状態だが、対向装置はリンクアップのまま残る

ルータ独自機能で職人技の対策

オンライン業務終了後の夜間、故障したスイッチを交換して障害前の構成に戻した。しかし、障害対策はこれでは終わらない。今回と同様の「データリンクは正常だがフレームの転送ができない」障害が次に起きた際、自動でバックアップ経路に切り替わるように工夫しなけ

ればならない。この対策は障害発生当日に完了というわけには行かない。

ネットワークとデータセンターの接続例を図6-4-2に示す。この構成ではネットワーク側のルータとデータセンター側のL3スイッチの間でダイナミックルーティングプロトコルであるOSPF (Open Shortest Path First) を使って経路の正常性の監視や切り替えをできるようにしている。これならリンクダウンでも、パケットの転送不能でも異常を検出して経路を切り替えることができる。

図6-4-2 データセンター接続の例

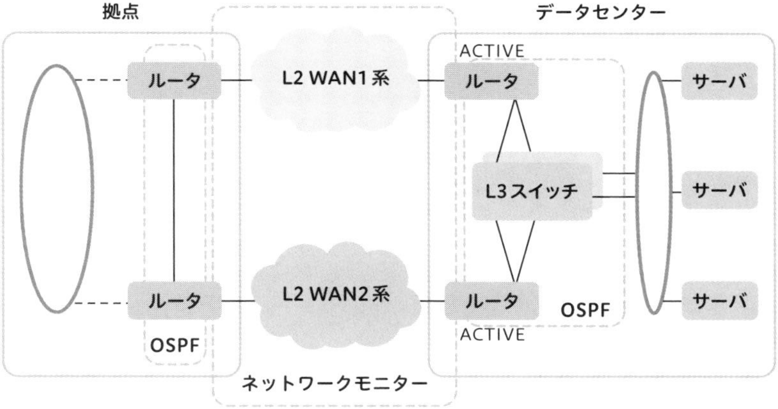

ただし、図6-4-2のような構成を今回の障害対策として採用するとかなり大きな変更になるため、設計や事前試験に工数がかかる。現地で現用の機器を利用し、短時間で確認試験と構成変更を進めることは難しい。

そこで、このネットワークの担当SEが考え出したのが図6-4-3の方法だ。これまでネットワーク側には開示されていなかったが、データセンターのLANにはL3スイッチがある。従来の拠点側のルータからデータセンター側のルータへのping監視に加えて、データセンター側のルータからL3スイッチへのpingを追加することにしたのだ。

図6-4-3 図6-4-1に示した障害に対する対策

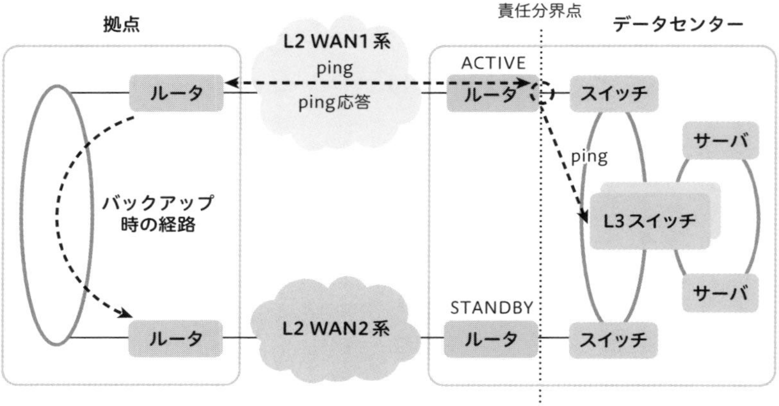

こうするとスイッチが「データリンク正常、フレーム転送不可」の障害を起こすとping応答がなくなり、データセンター側のルータは拠点側ルータからのpingに対しても応答を止める。これによって拠点ルータは経路を切り替えることになる。

この方法だとデータセンター側のルータにping監視を追加するだけなので設計はシンプルで、設定変更や確認試験も簡単にできる。

今回の障害の経験からネットワークとデータセンターの接続について学び直すことができ、ネットワークの世界には独自機能を生かした職人的な工夫の余地がまだまだあることが分かった。

6-5 Chapter 6
ネットワークエンジニアとしてのスキルアップ

サイバーセキュリティ対策、どこまでやればよいかと聞かれたら？

基本方針は2つある

数年前、サイバーセキュリティの専門家の力を借りて企業のセキュリティシステムを整備する仕事を手掛けた。その経験から自分なりに会得したセキュリティ対策の考え方は「防げる攻撃は確実に防ぐこと」「そのために必要なセキュリティサービスやツールを使うこと」という単純なものだ。単純なことをきちんとしていないと大きな事故が起こる。

2015年6月に日本年金機構が標的型メールにより、約125万件の年金情報の流出事故を起こした。この事故を契機に個人情報を扱う企業では、未知のマルウェアを含む標的型メールを排除できるサンドボックスを備えたセキュリティ製品の導入が進んだ。

その1年後、2016年6月にジェイティービー（JTB）が公表した約678万人の個人情報流出の可能性がある事故はやはり標的型メールが原因だった。もし、日本年金機構の事故を他山の石として標的型メールに対応したメールセキュリティを構築していればこの事故を防げた可能性が高い。メールを開いた社員が責められるべきではなく、標的型メール対策を用意しなかった経営陣が責められるべきなのだ。

つい最近、「うちのセキュリティ対策は十分なのだろうか？」という質問を受けた。そこで、最新のセキュリティ脅威のトレンドとその対応策についてセキュリティの専門家に教示してもらった。以下はそのポイントである。

攻撃にはトレンドがある

表6-5-1に最近多いサイバー攻撃と手法を挙げた。数年前には耳にしなかったのがビジネスメール詐欺やEmotetマルウェア、SSL対応の通信を介した攻撃だ。

表6-5-1 セキュリティトレンド（2020年3月時点）

増加している攻撃	標的型メール攻撃 ビジネスメール詐欺	特定の人をターゲットに情報・金銭の奪取を狙う
	ランサムウェア フィッシング詐欺	不特定の人をターゲットに金銭の奪取を狙う
	Emotetマルウェア	感染したユーザーになりすまして過去にやりとりのある宛先にメールを送信するマルウェア
	サプライチェーン攻撃	セキュリティ対策が比較的弱いグループ企業を足掛かりにした攻撃
	インターネット公開システム攻撃	DDoS、Apache Struts2等による攻撃
攻撃手法の変化	従来型セキュリティ機能を回避した攻撃	アンチウィルス機能で検知できない攻撃の増加
	SSLのWeb通信を介した攻撃	暗号化通信を隠れ蓑にしたマルウェア感染
	ゼロデイ脆弱性の活用	セキュリティパッチ提供前の攻撃

ビジネスメール詐欺とは海外の取引先や自社の役員などになりすまし、巧妙に細工された偽の電子メールを企業の担当者に送って攻撃者が用意した口座へ送金させる詐欺の手法である。

Emotet（エモテット）というウイルスに感染させる攻撃メールも増

えている。Emotetに感染すると感染したユーザーになりすまして過去にメールを送信したことがある相手にメールを送信する。メールの文面まで本人に似せたメールだ。それによって感染を広げていくのだ。もちろんメールを送るだけではなく、オンライン銀行に関する情報を盗み出したり、ランサムウェアに感染させようとしたりする。

SSL (Secure Sockets Layer) とは、インターネット上におけるWebブラウザとWebサーバ間でのデータの通信を暗号化し、送受信する仕組みだ。IDやパスワードなど秘匿性が高い情報を盗聴、解読されないようにする。しかし、SSLを使うとWebからダウンロードするファイルも暗号化されるため、ウイルススキャンなどのチェックができない。SSLを隠れみのにしてマルウェアやウイルスが送られることがあるのだ。最近では多くのWebサイトでSSLが使われているため大きな脅威となっている。

攻撃に応じた防御策がある

これらのセキュリティトレンドへの対策をまとめたのが図6-5-1である。

サンドボックスとは既知のウイルスの定義ファイルによるスキャンでは発見できない、未知のウイルスやマルウェアをユーザーに影響のない仮想環境で検査する機能だ。クラウドを利用したサンドボックスも多い。サンドボックスを備え、標的型メール攻撃の対策が可能なメールセキュリティサービスは先述のとおり、2015年の日本年金機構の事故をきっかけに普及が進んだ。Emotetマルウェアの防御も期待できる。

図6-5-1 セキュリティトレンドに対する対策

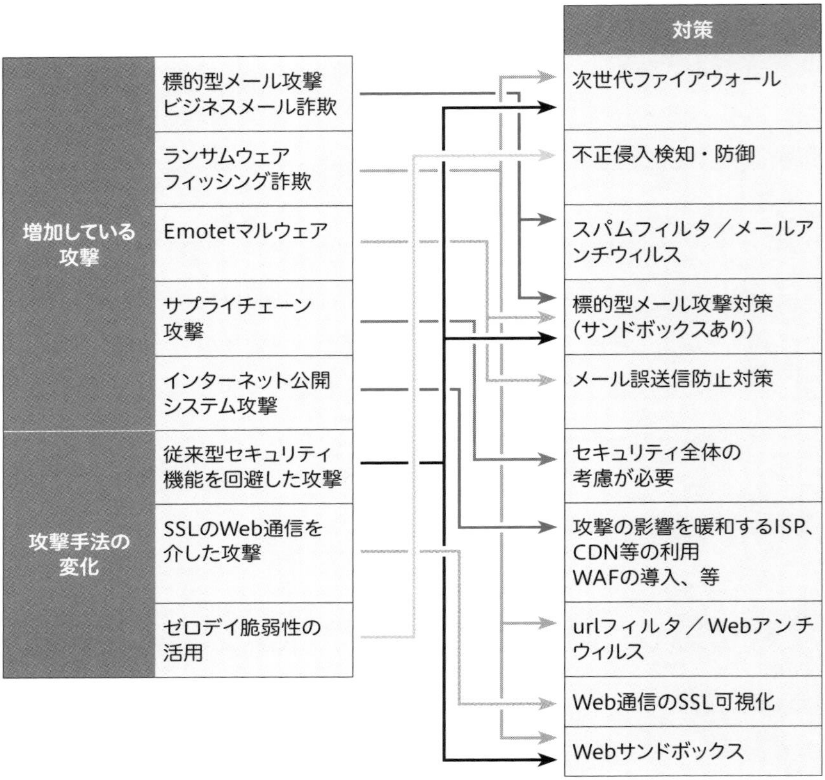

SSLを隠れみのにした攻撃を防御する対策としては、図6-5-2のようなSSL可視化機能のあるクラウド型セキュアプロキシサービスがある。

Webサーバと Webブラウザの間でやりとりされるデータをリアルタイムで復号し、ウイルス定義ファイルによるスキャン、サンドボックスによる検査を経て、問題がなければ再暗号化して送る。

図6-5-2 SSL通信可視化によるセキュリティチェック

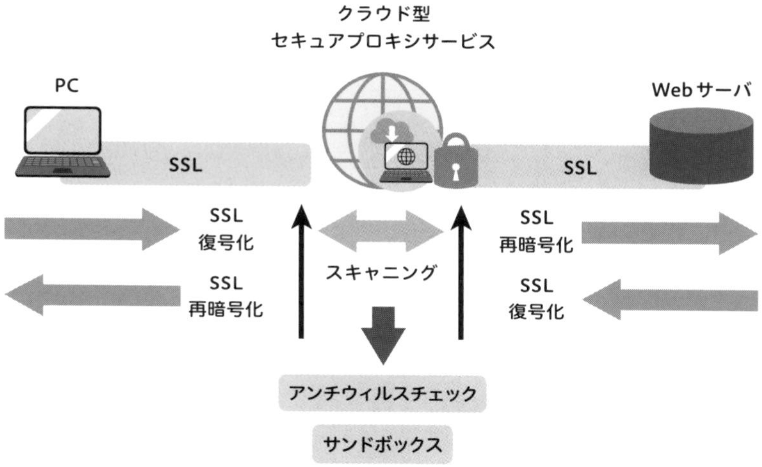

サイバー攻撃を完全に防ぐことが困難なことは名だたる大企業が外部から侵入され、機密情報の漏えいが起こっていることでも分かる。一般の企業にとって大事なことは冒頭に挙げたとおり、「防げる攻撃は確実に防ぐこと」「そのために必要なセキュリティサービスやツールを使うこと」の2点だ。

皆さんが運用する企業ネットワークにおいてもセキュリティトレンドへの対策ができているかどうか、点検してはいかがだろう。

索引

サ行

タ行

ナ行

ハ行

マ行

ラ〜ワ行

■装丁　小川純（オガワデザイン）
■本文デザイン　リンクアップ
■ DTP　リンクアップ
■担当　田中秀春

■問い合わせについて
本書の内容に関するご質問は、下記の宛先まで FAX または書面にてお送りください。なお電話によるご質問、および本書に記載されている内容以外の事柄に関するご質問にはお答えできかねます。あらかじめご了承ください。

〒 162-0846
新宿区市谷左内町 21-13
株式会社技術評論社　書籍編集部
「新視点で設計する　企業ネットワーク高度化教本」質問係
FAX 番号　03-3513-6167
Web ページ　https://book.gihyo.jp/116

なお、ご質問の際に記載いただいた個人情報は、ご質問の返答以外の目的には使用いたしません。また、ご質問の返答後は速やかに破棄させていただきます。

新《しん》視《し》点《てん》で設《せっ》計《けい》する　企《き》業《ぎょう》ネットワーク高《こう》度《ど》化《か》教《きょう》本《ほん》

2020 年 7 月 30 日　初版　第 1 刷発行

著者　松《まつ》田《だ》次博《つぐひろ》
発行者　片岡　巌
発行所　株式会社技術評論社
東京都新宿区市谷左内町 21-13
電話：03-3513-6150　販売促進部
03-3513-6160　書籍編集部
印刷／製本　昭和情報プロセス株式会社

ISBN978-4-297-11434-3 C3055

Printed in Japan